KB232628

산나물 들나물

지은이 김정숙

조선대학교 사범대학 가정교육과를 졸업한 뒤 성신여자대학교 대학원에서 이학박사 학위를 받았다.
1990년 《한국시》 신인상을 받아 문단에 올랐으며, 여러 잡지와 신문, 방송에서 음식 칼럼을 맡고 있다.
현재 전남과학대학 호텔조리김치발효과 교수로 재직하고 있다.

약력
● 터키에 김치 기술 전수 및 교육(2009.10.7~10.20)
● 러시아 볼고그라드 고려인김치축제 김치 전시 및 시연(2008.10)
● 서울김치사랑축제 김치응용요리 전시(2008.10)
● 미국워싱턴D.C 스미스소니언박물관 공동 주최 김치 전시 및 세미나 발표(2008.9)
● 광주김치마케팅행사 김치 전시 및 세미나 발표(2008.9)
● 광주김치축제 추진위원(2005~2009)
● 한국김치협회 이사(2008~)
● 각종 요리경연대회 심사위원 역임(2001~)
● 조리기능사 감독위원(2001~)

수상 경력
● 교육인적자원부장관 표창(2007.5 제8435호)
● 농림수산식품부장관 표창(2009.12. 제69564호)

저서
《한국의 발효저장식품 장아찌》,《식탁 위의 보약 건강음식 200가지》,《맛으로 먹고 약으로 먹는 우리김치 55가지》
《이맘때 뭘 먹지?》,《어린이 음식과 간식》외 다수

푸드코디네이터 한도연
레서피 사진 현스튜디오 011 · 648 · 2480
산야초 사진 아카데미북 자료실

내 몸을 살리는 자연의 맛
산나물 들나물

지은이 김정숙
펴낸이 양동현
펴낸곳 도서출판 아카데미북
　　　　출판등록 제13-493호
　　　　136-034, 서울 성북구 동소문동4가 124-2
　　　　전화 02-927-2345 팩스 02-927-3199

초판 1쇄 인쇄 2010년 4월 1일
초판 1쇄 발행 2010년 4월 5일

ISBN 978-89-5681-105-5 13570

www.academy-book.co.kr

내 몸을 살리는 자연의 맛

산나물 들나물

김정숙 지음

아카데미북

봄은 기다림의 계절. 기다림은 늘 상처로 남는다 해도 이른 봄 마른 덤불 아래 목숨을 부지한 풀잎들의 생명을 지켜본다. 뒷산의 산책길, 뾰조족 돋아나는 양지꽃이며 개불알풀들을 보고 있는데 지나가던 할머니가 곁에 와서 묻는다.

"뭘 잃어버렸수? 거기서 뭘 찾수?"

"네~ 희망을 찾아요. 지난 겨울 매섭던 추위에도 살아남아 이렇게 컸네요."

"그건 아무짝에도 못 쓰는 풀들이여."

할머니는 심드렁하니 한 마디 하고 가신다. 화려한 꽃과 탐스러운 열매가 없어도 생명은 생명 자체로 눈물겨운 향기가 아닌가. 얼어 죽을 것 같은 고통을 천지(天地)에 푸른 생명으로 키워 내는 것으로 봄은 이미 마법(魔法)이다.

인간의 삶의 근원은 자연. '자연은 최고의 교과서'라고 한다. 자연은 우리에게 생명의 존귀함과 기다리는 법, 성실함을 말없이 가르쳐 주는 영원한 스승이다. 그래서 '자연을 사랑하지 않는 자는 자연의 보고(寶庫)를 발견할 수 없다.'고 하지 않는가. 인간이 숲에서 안식을 느끼는 것은 '신의 심장' 가까이서 식물의 생명의 진동을 본능적으로 느끼기 때문이라고 한다.

몸이 원하는 최상의 음식은 생기(生氣)를 듬뿍 함유한 자연식이다. 야생초 · 나뭇잎 · 줄기 · 뿌리 · 열매 등은 대지의 에너지와 햇살, 신선한 공기가 빚어 내는 파장으로 담백한 식품이 된다. 우리가 식품에서 섭취하는 것은 칼로리만이 아니라 식품이 지니고 있는 생명력이다. 자연의 기(氣)가 듬뿍 든 음식을 먹는 것은 자연과 감응하는 힘을 길러 건강한 신체를 만든다.

우리나라는 예부터 수려한 산과 바다, 맑은 물, 뚜렷한 사계절이 있어 나물거리가 되는 산야초가 매우 많다. 우리 민족의 끈질긴 생명력에 일조한 나물은 신분의 고하(高下)를 가리지 않고 먹는 중요한 부식물이었다. 국어사전에서 나물을 찾아보면 '먹을 수 있는 풀이나 나뭇잎의 총칭, 또 그것을 조미해 무친 반찬'이라고 나와 있다. 나물은 흉년이 들면 '겨(쌀겨)를 구해다 죽을 쑤어 배를 채웠던' 굶주림을 면하게 해 준 구황식품이기도 했다. 자연을 사랑하고 순응하며 살았던 우리 조상들은 수많은 식물들 중에서 독이 없는 식물만 가려서 먹는 경험적인 지혜가 있었다.

우주의 모든 것은 때가 있고 때를 거스르는 일은 자연을 거스르는 일로, 《논어》에서는 '유물유칙(有物有則)'이라 했다. 19세기 초에 쓰여진 빙허각 이씨(憑虛閣 李氏)의 《규합총서》에는 '무릇 봄에는 신 것이 많고, 여름에는 쓴 것이 많고, 가을에는 매운 것이 많고, 겨울에는 짠 것이 많으니, 맛을 고르게 하면 미끄럽고 달다. 이 네 가지 맛이 그때의 맛으로 기운을 기르는 것이며, 네 계절을 다 고르게 하면 비위를 열게 한다.'고 했다. 계절에 따라 많이 산출되는 맛이 다르니 사계절의 맛을 고르게 하면 건강하다는 것이다.

참으로 소박한 식재료인 나물. 식욕을 돋워 주는 계절의 미각(味覺)으로, 병을 치유하는 약(藥)으로, 춘궁기를 이기는 식재료로, 나물은 우리 민족의 밥상에서 빼놓을 수 없는 필수품이었다. '이른 봄 된장과 고추장, 참기름만 있으면 먹지 못하는 나물이 없다.'는 말만으로도 우리가 얼마나 자연 친화적인 음식 문화를 누리고 있는지를 알 수 있다.

우리 땅에서 철따라 생산되는 산야초는 서늘한 바람과 맑은 물, 따사로운 햇볕과 기름진 흙 등 자연의 혜택을 듬뿍 받고 자라 저마다의 맛과 향이 있다. 하늘과 땅의 기(氣)로 자랐기에 재배 채소에 비해 몇 십 배나 농도 짙은 영양 성분을 품고 있다. 산야초는 절대자인 자연 앞에 겸손하면서도 치열하게 자신을 변화시켜 왔으며, 끈질긴 생명력을 특징으로 한다.

조금이라도 많은 양분과 햇빛, 공간을 확보하기 위해 식물은 나름대로 현명한 생존 전략을 가지고 있다. 주변 식물을 죽이거나 잘 자라지 못하게 하기 위해 때로는 생장 억제 물질을 분비하고, 외부에서 침입하는 각종 곤충 및 세균으로부터 자신을 보호하기 위해 고농도의 항산화 물질을 다양하게 생산한다. 이 물질이 인체 내에서는 탁월한 항암 및 노화 방지 효과가 있는 약성(藥性)이 된다.

다양한 연구를 통해 산나물의 효능도 속속들이 밝혀지고 있다. 산나물(들나물)은 단백질과 탄수화물, 비타민과 무기질 등 영양소가 풍부하다. 섬유소와 칼륨 함량이 많은 알칼리성 식품으로, 염분을 배출시키고, 해독 작용을 하며, 백혈구와 림프구 등의 면역성을 높이는 작용을 한다. 자연의 생존 경쟁 속에서 자기 방어를 위해 독특한 떫은맛을 지니게 되었는데, 이 산나물 특유의 떫은맛은 여러 가지 다당류 성분이 결합된 것으로, 주성분이 알칼리성 염류 및 알칼로이드이다. 이것을 적당히 섭취하면 약이 될 수 있지만 지나치면 해로우므로 대부분의 산나물은 삶아서 찬물에 담가 우려내고 조리한다.

이 책을 위해 나는 3년을 매달렸다. 재배하는 채소류와 달리 산나물(들나물)은 절기를 놓치면 꼬박 1년을 기다려야 하는 인내의 시간이 필요했다. 시장에서 구할 수 있는 나물은 취나물·고사리·쑥·두릅 등 잘 알려진 몇 종류에 불과하니 직접 나물을 채취하러 나설 수밖에 없었다.

산나물 고장으로 알려진 강원도는 물론 외가인 무주 덕유산, 지리산 문수골, 담양 병풍산·한재골을 수시로 갔다. 구례·곡성·옥과 장날을 기다렸고, 한손에 식물도감을 들고 사람들의 발길이 뜸한 곳을 찾아 나물을 캐는 호사도 누렸다. 이른 봄 양지바른 곳에서 막 돋아난 나물은 허리를 펼 수 없을 정도로 캐도 정작 삶아 내면 한 줌밖에 되지 않아 한 잎 한 잎이 너무 소중하고, 나물 캐는 분들의 노고를 생각하게 되었다.

길을 걷다가도 엉겅퀴·개망초·질경이·쇠비름·소리쟁이 같은 잡초들에게 무심할 수 없었다. 예전에 시인의 눈으로 볼 때에는 민들레를 보면 시를 썼다.

아무래도 나는 / 방랑의 피 한 사발 마셨나 봐 / 날라리 소리 앞세우고 / 떠돌던 남사당패처럼 / 이 강산 낙화유수 / 흐르고 싶은걸 보면

민들레꽃이며 꽃다지, 자운영이 흐드러지게 피는 풍경은 내게 늘 시상(詩想)을 떠올리게 했다. 그런데 나물에 관한 책을 쓰면서 '민들레는 이른 봄에 어린 싹을 뿌리 채 캐서 나물이나 국거리로 먹고, 날것을 고추장에 찍어 먹기도 한다. 쓴맛이 있으므로 데친 뒤 우려내어야 한다.'고 나물 조리법만이 관심의 대상이 되었다. 달맞이꽃은 또 어떤가.

햇살 아래선 / 베옷 입은 죄인이 되어 / 숨조차 죽이더니 / 정화수 떠 놓고 빌은 손이 / 닳고

닳아 꽃잎이 되었을까 / 별빛 달빛 아래서만 꽃으로 서는

달이 환생한 듯 달밤에만 눈부시게 아름다운 꽃의 애상(哀想)을 읊었던 내가 이제는 달맞이 꽃을 캐고 뿌리를 다듬으며 영양가를 생각하고 있다. 이렇듯 야생초를 보는 관점이 전혀 달라져 있는 나 자신이 놀랍다. 풍경으로만 보이던 풀과 꽃이 생명의 기운을 더해 주는 고마운 먹거리, 자연의 값진 선물로 다가온다.

산과 들에서 캐어 온 나물은 가장 기본적인 방법을 따라 요리하고자 했다. 간장 · 된장 · 고추장을 기본 양념으로 하여 어머니의 손맛을 재현하고자 했다. 같은 나물이라도 사용하는 장(醬)류에 따라 색다른 맛을 낼 수 있으며, 조갯살 · 새우살 · 두부 등 친근한 부재료를 곁들이면 한결 다양한 맛이 난다.

나물 손질법과 조리법은 나물 파는 아주머니, 산과 들에서 만난 할머니들께 자문을 구했고, 맛깔나게 무치는 방법을 고민했다. 산나물 책을 쓰면서, 잡초로만 알았던 야생초의 성장을 지켜보고 자연의 은혜로움과 경외감에 눈을 뜬 것이 가장 값진 일이었다.

이 책이 잡초도 나름대로의 생명 있는 귀한 자원으로, 모두 생약으로써의 가치와 효용이 있음을 생각하는 계기가 되기를 바란다. 또한 풋풋한 생명의 먹거리로서 식생활을 다양하게 하고, 활기찬 삶을 영위하려는 이들에게 도움이 된다면 더 없는 보람이 되겠다.

내게 산야초를 공부할 기회를 준 도서출판 아카데미북 양동현 사장님과 편집진, 격려와 배려로 감싸준 가족, 한도연 · 김춘순 교수, 정강엽 선생께도 고마운 마음을 전한다.

2010년, 생명의 농도가 점점 짙어지는 계절에
김정숙

▪ 차례

산나물·들나물

나물을 맛있게 먹는 방법

나물 먹고 물마시고   飯疏食飮水 반소사음수

팔을 베고 누웠으니   曲肱而枕之 곡굉이침지

즐거움이 그 안에 있고   樂亦在其中矣 낙역재기중의

의롭지 않게 부귀를 누림은   不義而富且貴 불의이부차귀

나에게는 뜬구름과 같다   於我如浮雲 어아여부운

　　　　　　　　　　－《논어》〈술이(述而)〉편

강상에 터를 닦아 구목위소(構木爲巢)하여 두고

나물 먹고 물마시고 팔을 베고 누웠으니

대장부 살림살이 이만하면 넉넉하다.

－판소리 〈녹음방초〉 중에서

예부터 나물은 안빈낙도(安貧樂道)하는 선비의 소박한 밥상의 상징이자 '주린 배를 채워 줄 나물을 캐려고 가난한 사람들이 언덕과 들판에 허옇게 엎드려 있었다.'는 표현처럼 가난한 백성에게는 '굶주림을 달래 주는 고맙고도 서글픈' 음식이었다.

이처럼 오랜 세월 동안 가난한 사람들이 먹는 음식으로 인식되었던 나물이 오늘날 도시인들의 식탁에서는 최고의 웰빙 식품으로 귀한 대접을 받고 있으니 격세지감(隔世之感)을 느끼지 않을 수가 없다.

나물은 먹을 수 있는 풀이나 나무의 싹 등을 조리한 찬으로, 비타민과 무기질이 풍부하여 몸이 나른한 봄철에 먹으면 좋다.

지금은 굳이 산으로 들로 나가지 않아도, 비닐하우스 등 재배 기술의 발달로 제철보다 앞서 나물을 구할 수 있다. 이러한 나물은 크기도 일정하고 손질이 잘되어 있어서 품질이 좋아 보이는 반면 야생에서 자란 나물은 모양이나 크기가 일정하지 않고, 뿌리가 짧고, 경우에 따라선 잔뿌리도 많아 다소 거칠게 느껴지는 감이 있다. 하지만 야생의 것이 맛과 향은 물론 영양 성분도 훨씬 풍부하므로 일부러 시간을 내서라도 제철 나물을 골라 먹길 가치가 있다.

나물의 맛을 살리는 양념 활용법

자연의 생기가 살아 있는 나물을 조리할 때는 특유의 향긋함과 쌉쌀한 맛을 살리는 것이 가장 중요하다. 손질하여 삶는 과정, 양념의 배합, 조리 순서, 무치는 사람의 손맛 이 네 박자가 맞아들어야 고유의 맛과 향을 지닌 맛있는 나물을 먹을 수 있다.

가장 먼저, 봄나물은 식초를 넣어 상큼하게 무치면 더욱 입맛을 돋운다는 사실을 기억해 두자.

나물국의 향을 살리고 개운한 맛을 내기 위해서는 멸치나 조개를 넣고 끓이면 좋다. 또 나물을 무칠 때는 새콤달콤한 초고추장이나 국간장과 참기름을 이용한 양념, 된장과 고추장을 섞은 양념을 많이 사용한다. 하지만 양념이 지나치면 나물 특유의 맛을 덮어 버리므로 적당히 넣도록 한다. 봄철에는 마늘 대신 뿌리와 줄기를 다 먹을 수 있는 연한 풋마늘을 채쳐 넣는 것도 좋은 방법이다.

초보 주부라서 나물 양념을 하는 것이 부담스럽다면 시중에서 판매되고 있는 양념장을 이용하는 것도 괜찮다. 시판되는 초고추장에 레몬즙을 한 방울 떨어뜨리거나 깨소금과 풋마늘만 넣어도 산뜻한 맛이 살아난다. 쌈장에 참기름이나 들기름, 풋마늘을 다져 넣어 섞은 뒤 나물을 조물조물 무쳐도 제맛을 느낄 수 있다. 샐러드용으로 나오는 간장소스를 구입해서 달래·쑥·돌나물·민들레 등에 뿌려 먹으면 즉석에서 나물 샐러드를 즐길 수 있다. 소스에 고춧가루와 깨소금을 추가하여 살짝 버무려 먹으면 독특한 겉절이가 된다.

무치고 데치고, 쌀뜨물을 받아 끓인 나물국만으로도 밥상은 푸짐해진다. 나물을 먹는 것은 자연을 먹는 일이다. 나물 한 가지를 통해 자연과 교감했던 조상들의 지혜를 느낄 수 있다.

나물의 맛을 보존하는 손질법

1. 물에 씻기 전에 깨끗이 다듬는다. 다듬지 않고 씻으면 나물이 쉽게 상한다.

2. 씻을 때는 그릇에 물을 받아서 살살 헹구듯이 한다. 흐르는 물에 씻으면 수압 때문에 나물이 다쳐 풋내가 난다.

3. 쓴맛과 떫은맛이 강한 나물은 데쳐서 여러 번 헹구고, 물을 자주 갈아 주어 쓰고 떫은맛을 충분히 우려낸 뒤 된장에 무친다.

4. 생채는 먹기 직전에 양념장을 넣고 살살 버무려야 풋내가 나지 않고 아삭아삭한 질감을 보존할 수 있다.

5. 데칠 때 끓는 물에 천연 소금을 넣으면 나물의 색과 향, 맛이 살아난다.

6. 데친 나물은 찬물에 1~2회 헹구어 체에 건져 놓는다. 물기를 너무 꼭 짜면 나물 특유의 맛이 빠져나가 맛이 없다.

7. 데친 나물도 먹기 직전에 양념하는 것이 좋다. 미리 양념한 것은 먹기 직전에 간을 확인하고 한 번 더 살살 무쳐서 낸다.

8. 고사리나 마른 나물의 억센 줄기는 푹 삶는다. 입에 들어갔을 때 부드러워야 맛있게 느껴진다.

9. 초무침을 할 때는 맛이 약한 것에서 강한 순으로 넣는다. 설탕 → 식초 → 고춧가루 → 간장 → 액젓 순으로 한다.

10. 볶는 나물에는 설탕을 넣지 않는다. 단, 도라지와 취나물에는 설탕을 조금 넣으면 맛이 부드러워진다.

11. 참기름과 깨소금은 넉넉히 넣는다.

12. 나물의 향과 맛을 온전히 느끼고 싶다면 자극적인 마늘이나 파는 넣지 않는다.

봄의 적(敵), 춘곤증을 물리치는 방법

봄은 모진 겨울을 견뎌 온 생명에 활력을 불어넣는 양기(陽氣)가 상승하는 계절이다. 따스한 햇살에 물오른 나무의 연둣빛 새싹이 눈물겹게 아름다운 생동의 계절이지만, 그에 아직 순응하지 못한 우리 몸은 봄을 탄다. 그래서 봄이 되면 온몸이 나른하고, 졸음이 쏟아지고, 식욕이 없고, 소화가 안 되며, 기억력과 집중력이 떨어지는, 이른바 춘곤증을 앓는 사람이 많다.

겨우내 부족해진 비타민과 미네랄을 보충하고 춘곤증을 퇴치하는 데는 나물만 한 것이 없다. '봄에는 쓴맛'이 나는 음식을 먹으라는 것도 봄을 타는 데는 쌉싸래한 봄나물이 명약이기 때문이다.

1. 봄나물로 식단을 꾸민다. 산나물에는 비타민과 무기질이 풍부하여 몸이 산성화되는 것을 막고 피와 머리를 맑게 해 준다. 그래서 우리 몸에 기운을 불어놓고 활력을 충전해 준다.

2. 비타민이 풍부한 음식을 많이 먹는다. 봄에는 신진대사가 활발해져서 비타민 소모량이 겨울에 비해 3~10배 정도 증가한다. 신선한 과일과 채소, 해조류에는 비타민C가 풍부하여 피로를 줄이고 면역 기능을 높여 준다. 탄수화물의 대사 기능을 돕는 비타민B_1이 풍부한 현미와 율무, 통보리, 도정하지 않은 곡류, 돼지고기, 버섯, 호두나 잣 등의 견과류, 콩 등을 많이 섭취한다.

3. 인스턴트식품은 섭취하지 않는다. 라면이나 햄버거 등의 인스턴트식품으로 오랫동안 끼니를 때우다 보면 대뇌 중추 신경을 자극하는 티아민(비타민B_1)과 비타민C가 결핍되어 춘곤증이 더욱 심해진다.

4. 커피나 술, 청량음료 대신 녹차를 마신다. 녹차에는 비타민과 미네랄, 카페인과 타닌이 풍부하여 정신을 맑게 하고 신진대사를 촉진하여 피로를 푸는 데 효과가 있다.

5. 규칙적인 식생활과 적당한 운동을 한다. 아침 식사를 거르고 점심에 과식하면 춘곤증이 더욱 악화된다. 낮에는 졸음을 쫓아 주는 성분이 들어 있는 단백질이 풍부한 육류를 먹어도 좋다. 밤에는 곡류나 과일, 채소를 섭취하는 것이 좋다.

냉이

냉이는 가장 대표적인 봄나물이다. 봄이 오면 달래 · 씀바귀 · 꽃다지와 더불어 가장 먼저 캐 먹을 수 있는 나물로, 잎과 뿌리 모두 먹는다. 지방마다 '나새', '나생이', '나숭개'라는 다양한 이름으로 불린다.

언뜻 보면 봄에 일찍 돋아난 듯하지만, 실은 지난 가을에 씨가 날려 싹이 터 어느 정도 자라던 것이 겨울을 이겨내고 푸른 잎을 그 어느 것보다도 빨리 드러내 보이는 것이다. 우리나라를 비롯한 일본과 북반구의 온대 지역에 널리 분포되어 있는데, 굳이 심지 않아도 들판이나 밭에 자생하며, 비교적 저온에서도 잘 자라는, 내한성이 강한 식물이다.

허준의 《동의보감(東醫寶鑑)》에는 '논밭과 들에서 자라는데 겨울을 지나면서도 죽지 않는다. 죽으로 끓여 먹는데 눈을 밝게 하는 작용을 한다.'고 기록되어 있다.

냉이는 따뜻한 성질이 있으면서 맛이 달기 때문에 봄철 입맛을 잃었을 때 국이나 나물 등의 요리로 식탁에 올라와 입맛을 살려 주는 역할을 한다. 중국 한 나라 말기의 의학서 《명의별록(名醫別錄)》에는 '잎으로 김치나 죽을 만들면 맛이 좋다.'고 기록되어 있다.

냉이는 봄나물 가운데서도 단백질이 가장 많으며, 칼슘과 철분 또한 풍부하고, 비타민A와 식이섬유가 많이 들어 있다. 비타민A는 춘곤증을 극복하는 데 효과가 좋은데, 냉이 100g을 먹으면 비타민A 하루 필요량의 1/3을 보충할 수 있다. 또한 냉이에 함유된 무기질은 끓여도 파괴되지 않는다.

한방에서는 냉이를 소화제나 지사제로 이용할 만큼 위나 장에 좋고 간의 해독 작용을 돕는다고 본다. 또 냉이 뿌리는 눈 건강에 좋고 고혈압 환자에게 냉이를 달여 먹도록 처방하기도 한다.

냉이는 줄기가 솟고 꽃이 피기 시작하면 맛과 향이 약해질뿐더러 질겨져서 맛이 없어진다. 겨울 한파가 끝나고 땅이 녹은 직후에 캔 것이 뿌리가 실하고 향이 진하다. 선선한 가을에도 냉이를 캐어 먹을 수 있다.

이른 봄 텃밭에 저절로 자라난 냉이. 날씨가 포근해지면 금세 웃자라므로 땅이 녹자마자 캔다.

냉이의 꽃. 씨앗은 약재로 쓰인다.

냉이는 뿌리까지 캐기 때문에 흙이 많이 묻어 있다. 직접 캘 때는 캐는 즉시 떡잎과 잔뿌리를 다듬어야 요리 과정이 덜 번거롭다. 자잘한 잔뿌리는 씹을 때 질감을 좋지 않게 하므로, 굳이 약으로 쓰는 경우가 아니라면 잘라 낸다. 삶을 때는 끓는 물에 굵은 소금을 약간 넣고 뿌리 쪽부터 먼저 담근다.

한방에서는 냉이를 제채(薺菜)라 하여 위궤양이나 치질, 폐결핵 등에 사용했고, 지혈제나 월경 과다에 치료제로도 이용했다.《본초강목(本草岡目)》에서는 '혈압을 내리는 성분이 있어 고혈압에 좋으며, 감기 몸살 등의 피로를 푸는 데 좋다.' 했다.《동의보감》에서는 '냉이로 국을 끓여 먹으면 피를 끌어다 간에 들어가게 하고 눈을 맑게 한다.' 고 했다.《증보산림경제(增補山林經濟)》에는 '냉이는 성질이 따뜻하여 오장을 이롭게 하는데, 죽을 끓여 먹으면 간에 이롭고 눈을 밝게 하며, 씨앗을 씹으면 배고픔을 잊게 한다.' 고 했다.

실제로 냉이는 위와 장에 좋을 뿐만 아니라 해독을 도와준다고 알려져 있다. 생리불순, 코피가 자주 나는 사람, 간 기능이 떨어져 피로가 심한 사람에게도 더할 나위 없이 좋다.

냉이국은 숙취 해소에 좋으며 살짝 데쳐 초고추장에 버무려 먹어도 좋다. 몸이 찬 사람은 많이 섭취할 경우 몸을 더 차게 하므로 알맞게 섭취해야 한다.

냉이죽

[재료] 냉이 300g, 불린 쌀 1컵, 참기름 · 된장 1큰술씩, 육수 5컵, 소금 약간 **[육수]** 마른 다시마(사방 5cm) 1장, 물 6컵, 무 · 양파 50g씩, 마늘 2톨, 표고버섯 1개, 대파 1/2뿌리, 마른 새우 30g

1 냉이는 누런 겉잎과 잔뿌리를 떼어 내고 깨끗하게 다듬어 굵은 것은 반을 가른다. 2 냄비에 물을 넣고 육수 재료를 한데 넣어 끓이되 물이 끓어오르면 다시마만 건져 내고 약한 불에서 20분 정도 끓인 다음 체에 밭쳐 국물만 받아놓는다. 3 불린 쌀은 분마기에 넣고 2~3회 찧어 쌀의 낱알을 굵게 부순다. 4 육수에 된장을 풀어 놓는다. 5 냄비를 불에 올려 뜨거워지면 참기름을 두르고 냉이와 ③의 쌀을 살짝 볶은 뒤 ④의 된장 육수를 넣고 저으며 푹 끓인다. 부족한 간은 소금으로 한다.

냉이나물

[재료] 냉이 300g **[고추장 양념]** 고추장 3큰술, 고춧가루 · 참기름 · 설탕 · 깨소금 · 다진 파 1큰술씩, 다진 마늘 · 통깨 · 생강즙 · 간장 1/2큰술씩

1 냉이를 깨끗이 손질하되 굵은 뿌리는 잘라 내어 잎과 구분해 둔다. 2 손질한 냉이를 물에 헹구어 소쿠리에 건져 물기를 빼 둔다. 3 끓는 물에 소금을 조금 넣고 살짝 데친 뒤 찬물에 헹궈 물기를 짠다. 이때 뿌리는 따로 데쳐 헹구어 마른 면보로 물기를 닦아 둔다. 4 ③의 뿌리를 약간의 고춧가루로 버무려 색깔을 낸 다음 고추장 양념으로 조물조물 무쳐 통깨를 뿌린다.

※ 된장 양념을 할 때도 전 과정은 동일하다.
[된장 양념] 된장 2큰술, 참기름 · 깨소금 · 다진 파 1큰술씩, 고추장 · 다진 마늘 · 통깨 1/2큰술씩

냉이조갯살무침

[재료] 냉이 300g, 조갯살 40g **[양념]** 고추장 2큰술, 된장 1큰술, 설탕 · 깨소금 · 다진 파 1큰술씩, 다진 마늘 · 통깨 · 간장 1/2큰술씩

1 냉이를 깨끗이 다듬어 씻어서 소쿠리에 건져 물기를 빼 둔다. **2** 끓는 물에 소금을 넣고 뿌리 쪽부터 넣고 살짝 데쳐 찬물에 헹궈 물기를 살짝 짠다. **3** 조갯살은 엷은 소금물에 헹궈 살짝 데쳐 낸다. **4** 분량의 재료 중 참기름만 제외하고 한데 넣어 양념장을 만든다. **5** 냉이와 조갯살에 양념장을 넣고 살살 버무린 뒤 통깨를 넣고 마무리한다.
맛있는 Tip 냉이는 흙이 많아서 손질을 잘못하면 흙이나 모래가 씹히기 쉽다. 데친 뒤에 두세 번 더 헹구면 흙이 말끔히 없어진다.

냉이초고추장무침

[재료] 냉이 300g, 조갯살 40g, 홍고추 1개 **[양념]** 고추장 2큰술, 고춧가루 · 식초 · 설탕 · 깨소금 · 다진 파 1큰술씩, 다진 마늘 · 통깨 · 간장 1/2큰술씩

1 냉이를 다듬어 씻어서 소쿠리에 건져 물기를 빼 둔다. **2** 끓는 물에 소금을 넣고 뿌리 쪽부터 넣고 살짝 데쳐 찬물에 헹궈 물기를 살짝 짠다. **3** 조갯살은 엷은 소금물에 헹궈 살짝 데쳐 낸다. **4** 홍고추는 어슷하게 썬다. **5** 고추장에 고운 고춧가루를 갠 다음 나머지 양념을 섞어 초고추장 양념을 만든다. **6** 데친 냉이에 다진 파와 초고추장 양념을 넣어 조물조물 무친다. 부족한 간은 소금으로 더 한다.
맛있는 Tip 식초 대신 매실청을 넣으면 풍미가 생기고 단맛이 강하여 설탕의 양을 반으로 줄일 수 있다.

냉이모시조갯국

[재료] 냉이 200g, 바지락 200g, 대파 1뿌리, 다진 마늘 1큰술, 된장 3큰술, 청양고추 1개, 물(쌀뜨물) 7컵, 소금 약간

1 냉이를 손질하여 씻어서 소쿠리에 건져 물기를 빼 둔다. 잎이 억센 것은 끓는 물에 소금을 넣고 살짝 데쳐 둔다. 2 모시조개는 해감한 뒤 따각따각 소리가 나도록 잘 비벼 씻는다. 3 풋고추와 대파는 어슷 썬다. 4 물이 팔팔 끓어오르면 ②의 조개를 넣는다. 5 조개의 입이 벌어지면 바로 불에서 내려 잠시 그대로 두었다가 조개는 건져 내고 육수는 가제에 받친다. 6 육수에 된장을 풀어 끓이다가 냉이를 넣고 숨이 살짝 죽으면 고추·파·다진 마늘을 넣어 잠시 더 끓인다. 7 건져 두었던 모시조개를 넣고 싱거우면 소금으로 간을 맞춘다.

맛있는 Tip 냉이를 된장국으로 끓이면 향이 더욱 진하다. 날콩가루를 묻혀서 끓이면 구수하다. 냉이는 전이나 튀김으로 만들어도 맛이 난다.

달 래

봄나물 하면 빼놓을 수 없는 나물이 있으니 바로 알싸한 향미가 일품인 달래가 그것이다. 겨우내 나른해진 식욕을 살려 기운을 돋워 주는 봄나물. 그중에서도 달래는 매운맛을 가진 여러해살이풀로, 직경 1cm 이하의 작은 알뿌리가 달려 있다. 작고 앙증맞은 달래 뿌리에 빗대어 옛 사람들은 작고 귀여운 여자를 '달래각시' 라 부르기도 했다.

달래는 약간의 습기가 있는 야산 기슭이나 밭두렁 등에서 군락을 이루어 자라는 것을 발견할 수 있다. 달래를 캤던 기억이 있어 몇 년 뒤 그곳을 다시 찾아가 보면 달래가 넓게 퍼져 자라는 것을 볼 수 있다. 이는 달래가 씨앗으로 번식되기도 하지만 동그란 알뿌리 양쪽에 조그맣게 달려 있는 작은 새끼 뿌리가 씨앗 역할을 하기 때문이다. 이와 같은 이유로 우리 어머니들은 달래를 캐서 툭툭 흙을 털고는 파낸 흙더미를 부드럽게 다시 덮어 놓았다.

달래라 해도 다 같은 것이 아니라 봄 야산 자락에 자라난 달래가 진짜 달래다. 그 진한 향기와 알뿌리가 내는 풍미는 철없이 나오는 비닐하우스의 달래와는 비교가 되지 않는다.

달래는 예부터 강장 식품으로 알려져 즐겨 먹어 왔으며, 피로를 풀고 춘곤증을 이기는 데 필수적인 영양소가 풍부하다. 칼슘과 비타민A는 물론 마늘의 중요 성분인 알리신(allicin)도 함유하고 있다. 비타민C가 풍부하므로 날로 먹는 것이 좋으며, 알칼리성 식품으로 신경 안정제 효과도 있다. 고기 등 산성 식품을 먹을 때 달래초무침이나 달래가 들어간 된장찌개를 함께 먹으면 고기 맛을 돋우며 영양 효과 또한 증대된다.

달래는 파와 비슷한 독특한 향이 나는데, 오래 두면 향이 약하고 질겨지므로 보관에 신경써야 한다. 여러 가지 조리에 향신료로 쓰며, 맛과 향이 파보다 뛰어나다.

달래를 손질할 때는 알뿌리의 얇은 겉껍질을 벗기고, 수염뿌리는 하나씩 조심스럽게 흐르는 물에 씻어야 한다. 달래의 둥글고 하얀 뿌리는 독특한 향취를 가지고 있어 된장에 찍어 먹거나 된장국에 넣으면 개운한 맛이 우러난다. 연한 달래는 양념에 무치고, 굵

이른 봄 뽕나무 옆에서 자라난 달래

고 매운맛이 강한 것은 된장찌개에 넣으면 향이 좋다. 잎과 알뿌리를 날것 그대로 양념 간장에 무친 달래무침, 쌈을 먹기 위한 양념장에 넣는 달래상추쌈, 된장을 풀어 끓인 달래된장국, 오이와 해물을 함께 넣어 새콤한 초고추장에 무친 달래초채는 향긋함이 일품이다. 전이나 튀김, 볶음으로 만들어 먹어도 좋고, 장아찌로 이용해도 색다른 맛을 느낄 수 있다.

한방에서는 달래를 수채엽(睡菜葉)이라 하며, 위암을 치료하거나 보혈(補血) · 신경 안정 · 살균 · 정력 증강 등에 이용한다. 생리 불순이나 자궁 출혈 등의 부인과 질환에도 효과가 뛰어나 여성에게 좋은 음식으로 꼽힌다. 소화제나 가래약으로도 탁월한 효과를 발휘한다.

민간에서는 불면증을 없애고 정력을 돕는 약으로 삼았다. 약용으로서의 복용량은 일정하지 않으며 산나물 먹듯이 하면 된다. 과식하면 위장에 쓰린 증세가 나타나므로 적당량을 생채로 먹거나 알뿌리를 뭉근히 달여서 마신다.

독벌레에 물렸을 때 찧어 붙이면 해독과 지혈 효과가 있고, 이것을 밀가루와 반죽하여 타박상 입은 곳에 붙이고 태워서 종기에 붙이면 부기가 빠지고 통증이 사라진다.

잎과 알뿌리를 약간 짓찧어 약주를 만들어 잠자기 전에 소주잔으로 절반에서 한 잔 정도 마시면 불면증에 효과가 크다. 달래 뿌리 300g에 꿀 200g과 소주 1.8ℓ를 넣고 2~3개월간 서늘하고 어두운 곳에 보관하면 된다.

달래김무침

[재료] 달래 100g, 미나리 50g, 김 1장 **[양념장]** 고춧가루 2큰술, 설탕·식초·다진
파·깨소금 1큰술씩, 다진 마늘 1/2큰술, 소금 1작은술

1 달래는 알뿌리의 얇은 껍질을 벗겨내고 깨끗하게 씻어 물기를 뺀 뒤 5cm 길이로 썬
다. 2 미나리는 줄기만 다듬어 씻어 4cm 길이로 썬다. 3 양념 재료를 골고루 섞어 양
념장을 만들어 놓는다. 4 김은 살짝 구워서 부숴 둔다. 5 그릇에 준비한 미나리와 달래
를 넣고 양념을 넣어 가볍게 버무린 뒤 ④의 김을 넣어 가볍게 섞어 접시에 담은 뒤 통
깨를 뿌린다.

맛있는 Tip 달래는 독특한 향미로 식욕을 돋우고 비타민C가 풍부해 날로 먹는 것이
좋다. 된장에 찍어 술안주로 먹어도 좋다.

달래묵겉절이

[재료] 달래 150g, 도토리묵 1모, 홍고추 1개 **[양념장]** 고 춧가루 · 간장 2큰술씩, 다진 파 · 통깨 · 참기름 · 물 · 식초 1큰술씩, 국간장 1작은술, 설탕 · 다진 마늘 1/2큰 술씩, 소금 약간

1 달래는 손질하여 씻은 뒤 적당한 크기로 썰어 물기를 제거한다. **2** 양념 재료를 모두 섞어 양념 장을 만들어 둔다. **3** 도토리묵은 1~5cm 길이로 썰고, 홍고추는 채 썬다. **4** ①과 ③에 양념장을 넣 고 만들어 버무린다. **5** 접시에 도토리묵을 담고 그 위에 양념한 달래를 올린다.

맛있는 Tip 도토리묵은 볶은 들깨와 들기름을 넣 은 양념장에 무쳐야 향긋하다. 메밀묵은 통깨와 들기름에 무친 김치를 곁들여야 고소하고 맛있다.

달래연근겉절이

[재료] 달래 200g, 연근 100g **[치자물]** 치자 3개, 식초 1 큰술, 설탕 1/2큰술, 소금 약간 **[양념장]** 진간장 · 고춧가 루 2큰술씩, 설탕 · 식초 · 다진 파 · 깨소금 1큰술씩, 다 진 마늘 1/2큰술, 소금 1작은술

1 달래는 뿌리의 얇은 껍질을 벗기고 깨끗하게 씻 어 물기를 뺀 뒤 5cm 길이로 썬다. **2** 연근은 통으 로 얇게 썰어 찬물에 헹구어 끓는 물에 식초를 넣 고 살짝 데쳐 내어 찬물에 헹군다. **3** 따뜻한 물에 치자 · 식초 · 설탕 · 소금을 넣어 푼 뒤 연근을 넣어 새콤한 노란색 물을 들인다. **4** 양념 재료를 섞어 양념장을 만든다. **5** 달래는 양념장으로 섞듯이 무 쳐 연근을 넣고 가볍게 털어내듯이 무쳐 낸다.

맛있는 Tip 달래를 다듬는 방법은 알뿌리의 얇은 겉껍질을 한 겹 벗기고 수염뿌리를 잘라 낸 뒤 시든 줄기를 깨끗이 다듬는다. 달래는 실 같은 수염뿌리 까지 모두 먹을 수 있다. 잘라 버리지 말고 보통 4~5cm 길이로 잘라 쓴다. 씻을 때는 흐르는 물에 한 뿌리씩 흔들어 씻어 흙을 말끔히 씻어 낸다.

달래두부무침

[재료] 두부 1모, 달래 100g, 잣 1큰술 **[초고추장]** 고추장 3큰술, 고춧가루 · 식초 · 설탕 · 깨소금 · 다진 파 1큰술씩, 다진 마늘 · 통깨 · 생강즙 · 간장 1/2큰술씩

1 두부는 키친타월로 싸서 도마로 눌러 두어 수분을 제거한 뒤 1cm 각으로 썰어 준비한다. **2** 달래는 깨끗하게 씻어서 3cm 길이로 썬다. **3** 분량의 양념을 넣어서 초고추장을 만든다. **4** 무침 그릇에 두부와 달래를 넣고 양념장을 잘 섞는다.

맛있는 Tip 달래의 둥근 뿌리가 너무 큰 것은 씹을 때 매운맛이 강하므로 생채로 먹을 때는 칼등으로 두들긴 뒤 반으로 자른다.

달래도라지무침

[재료] 달래 200g, 도라지 100g, 고춧가루 1작은술, 소금 약간 **[양념]** 고추장 3큰술, 고춧가루 · 식초 · 설탕 · 깨소금 · 다진 파 1큰술씩, 다진 마늘 · 통깨 · 참기름 · 간장 1/2큰술씩

1 달래를 깨끗이 손질하여 씻은 뒤 굵은 알뿌리는 칼등으로 두드려서 깨뜨려 5cm 길이로 썬다. **2** 도라지는 가늘게 갈라 소금을 넣고 주물러서 쓴맛을 뺀 뒤 찬물에 헹구어 물기를 짠다. **3** ③의 도라지에 고춧가루를 넣고 주물러 붉은색을 낸다. **4** 분량의 재료로 양념장을 만들어 달래와 도라지를 넣고 버무린다.

맛있는 Tip 연한 달래는 양념으로 무쳐 먹고, 굵고 매운맛이 강한 것은 된장찌개에 넣으면 향이 좋다. 전이나 장아찌를 만들어 먹어도 별미. 달래는 생으로 먹는 것이 좋은데, 식초를 곁들이면 비타민C의 파괴를 줄일 수 있다. 신경 안정 효과가 있어 스트레스로 인한 피로나 불면증에도 도움이 된다.

달래무침과 편육

[재료] 달래 1묶음, 돼지고기 등심 200g, 미나리 50g, 홍고추 1개, 된장 1큰술 **[초고추장]** 고추장 3큰술, 고춧가루 · 식초 · 설탕 · 깨소금 · 다진 파 1큰술씩, 다진 마늘 · 통깨 · 생강즙 · 간장 1/2큰술씩

1 달래는 알뿌리의 얇은 껍질을 벗겨 내고 긴 뿌리 끝부분을 일정하게 잘라 내어 단정하게 한다. 깨끗하게 씻어 물기를 뺀 뒤 4cm 길이로 썬다. **2** 찬물에 된장을 푼 뒤 돼지고기를 넣고 삶는다. 젓가락이 푹 들어갈 정도로 익으면 건져 식혀서 얄팍하게 썬다. **3** 미나리는 줄기만 다듬어 씻어 살짝 데쳐서 4cm 길이로 썬다. **4** 고추는 씨를 털어 내고 4cm 길이로 썬다. **5** 식초를 뺀 양념장 재료를 한데 섞는다. **6** ①의 달래, ③의 미나리, ④의 고추를 모아 양념장을 끼얹고 먹기 직전에 식초를 넣어 가볍게 섞어 준다. **7** 접시에 편육을 담고 달래무침을 곁들인다.

달래조갯살전

[재료] 조갯살 200g, 달래 100g, 홍고추 2개, 밀가루 1/2컵, 달걀 1개, 식용유 · 소금 약간 **[조갯살 양념]** 참기름 · 진간장 1/2큰술씩 **[초간장]** 식초 · 진간장 2큰술씩, 물 1/2큰술, 설탕 1작은술

1 조갯살은 심심한 소금물에 흔들어 씻은 뒤 체에 건져 물기를 뺀다. **2** 풋고추와 붉은 고추는 반을 갈라서 씨를 뺀 뒤 송송 썰어서 다진다. **3** 조갯살에 소금과 참기름으로 양념한다. **4** 달래를 3~4cm 길이로 송송 썬다. **5** ①, ②, ③을 담고, 달걀 푼 것과 밀가루를 넣어서 잘 섞는다. **6** ⑤에 소금과 후추를 넣어서 간을 한다. **7** 뜨겁게 달군 팬에 기름과 참기름을 반씩 두르고 ⑥의 반죽을 한 숟가락씩 떠 넣어서 노릇노릇하게 부쳐 낸다. **8** 초간장을 곁들여 낸다.

쑥

쑥만큼 다양한 질병 치료에 도움이 되는 풀도 드물 것이다. 봄 향기로 식욕을 증진시키고 소화를 촉진하며, 겨우내 얼었던 몸을 녹여 주는 쑥. 그래서 '봄 쑥은 처녀 속살을 키운다.' 는 속담까지 있을 정도다.

우리나라에 자생하는 쑥은 38종으로, 종류에 상관없이 애용해도 건강식품이 된다. 잎을 뜯어 비벼 코에 대어 보아 쑥 냄새가 짙게 풍기는 것을 채취하면 된다. 쑥과 잎 모양이 비슷한 다른 식물이 많으므로 냄새로 분별하는 것이 좋다. 맹자(孟子)는 '만성 고질병에 3년 묵은 쑥이 명약' 이라고 했다지만 실은 갓 뜯은 쑥도 좋은 약이다. 쑥은 다른 봄나물보다 향이 강해 생채나 무침보다 국이나 떡, 튀김 등에 적합한데, 초봄에 나오는 길이가 짧은 애쑥은 국물 요리, 많이 자란 쑥은 떡을 하면 좋다.

예부터 단오날 낮에 뜯어서 말린 것을 약쑥이라 하여 으뜸으로 쳤지만 일반적으로 키가 30cm 정도에 아랫줄기에 시든 잎이 없는 것이 좋은 쑥이다. 쑥은 겨울에도 채취할 수 있는데, 워낙 성질이 질겨서 찬바람에도 잎이 떨어지지 않는다. 줄기에 달린 마른 잎을 훑어다 차나 술, 목욕 재료로 삼으면 그윽한 향이 기분을 상쾌하게 해 준다.

쑥은 가정에서도 민간 상비약으로 많이 이용되었다. 연한 잎을 말려 찐 것으로 즙을 만들어 마시면 해열 · 진통 · 해독 · 구충 효과를 볼 수 있다. 위암 등의 질병에도 귀한 약재로 쓰였다. 독충에 물리거나 습진, 상처가 났을 때는 쑥을 짓찧어 바르곤 한다. 코피가 날 때 말린 쑥으로 코를 막으면 신기하게도 코피가 멎고, 여름밤에는 쑥을 태워 모기를 쫓았다. 쑥뜸을 뜨면 백혈구의 수가 2~3배 정도 증가하여 면역 물질이 생긴다고 한다.

봄에 채취한 어린순으로 생즙을 내어 마시면 고혈압과 신경통에 좋고, 이것을 말려 쑥떡이나 쑥국수 · 된장국 · 나물로 이용하면 혈기가 좋아진다. 우리 조상들은 3월이면 쑥밥 · 쑥전 · 쑥경단 · 쑥국 · 애탕(艾湯)을 해 먹었다. 그중에서도 쑥떡은 쌀의 산성을 중화하고 영양을 보완한 건강 떡으로, 빛깔이 곱고 향미가 풍부해 식욕을 돋운다. 말린 쑥

봄날 채취하는 어린 쑥. 쑥이 많이 자라면 나물보다는 떡으로 만들어 먹는 것이 좋다.

쑥꽃. 쑥꽃을 모르는 경우가 많으나 가을에 여러 모로 활용 가능하다.

잎을 뜨거운 물에 우려내어 마시는 쑥차와 어린잎을 소주에 담가 1개월 이상 서늘하고 그늘진 곳에 보관해 두었다 마시는 쑥술은 천식에 효험이 있다.

쑥 80g이면 하루에 필요한 비타민A를 충족할 수 있다. 비타민A가 풍부하면 몸에 세균이 침입했을 때 저항력이 강해진다. 쑥에는 비타민C도 많아 감기 예방과 치료에 좋은 역할을 한다. 쑥에는 항암 효과가 있는 '베타카로틴'이 풍부하며, 특유의 향기를 내는 원천인 '치네올' 성분은 혈액 순환을 촉진하고 몸을 따뜻하게 하여 감기와 냉증 치료에 효과를 발휘한다.

쑥은 민간요법에서 가장 많이 쓰이고 또 오래 전부터 써 온 유명한 약재다. 쑥만큼 광범위하게 수많은 질병에 효과가 있는 풀도 드물지만 만병통치약으로 오인하면 오용할 수도 있으므로 약용보다는 생활 속 건강식품으로 인지하는 것이 좋다.

생활 속에서 이용하기에 가장 좋은 방법은 쑥 목욕이다. 성숙한 쑥잎을 진하게 끓여서 욕탕에 붓고 목욕을 수시로 하면 몸이 훈훈해지며, 감기 · 요통 · 타박상 · 신경통 · 부인병 등이 어느 정도 해소되고, 피부 미용에 좋다. 독특한 향기가 한몫을 단단히 한다.

어린 쑥을 소주에 담가 1개월 이상 서늘한 곳에 묵혀 두면 손님 접대용 건강주로 활용하기에 좋다. 쑥술은 천식에도 어느 정도 효과가 있는 것으로 알려져 있다.

※ 쑥은 가을에도 채취할 수 있다. 여름에 맺힌 씨앗이 떨어져 가을에 새순으로 돋아나거나 낫으로 베어 낸 자리에서 연한 순이 다시 돋는데, 이것 또한 품질이 좋다. 따뜻한 지방에서는 겨울에도 어린 쑥을 얼마든지 채취할 수 있다.

쑥콩죽

[재료] 대두(메주콩) 1컵, 불린 쌀 1/2컵, 쑥 40g, 물 6컵, 소금 약간

1 쌀은 쌀알이 깨지지 않도록 비벼 씻어 헹군 뒤 물에 2시간 이상 불려 물기를 뺀다. 2 콩은 하룻밤 정도 불려 물을 충분히 넣고 삶아 찬물에 헹군 뒤 살살 비벼 껍질을 벗겨 물 3컵을 넣고 갈아 콩물을 만든다. 3 쑥은 연한 것으로 준비하여 깨끗이 씻어 소쿠리에 건져 물기를 뺀다. 4 불린 쌀에 물 3컵을 넣고 저으면서 죽을 쑨다. 5 죽이 끓기 시작하면 불을 줄이고 쌀알이 완전히 퍼지면 ②의 콩물을 넣어 중불에서 저어 가며 3~4분 정도 끓이다가 쑥을 넣고 잠깐 끓인 뒤 불을 끈다. 6 먹기 직전 소금으로 간을 한다.

맛있는 Tip 죽을 상에 낼 때는 간장이나 소금, 꿀을 종지에 담아 놓고, 반찬으로는 국물이 있는 동치미나 나박김치, 마른 반찬 두세 가지를 곁들인다.

쑥조갯국

[재료] 쑥 200g, 바지락 200g, 대파 1뿌리, 다진 마늘 1큰술, 된장 3큰술, 물(쌀뜨물) 5컵

1 쑥은 손질하여 씻어서 소쿠리에 건져 둔다. 2 바지락은 해감 뒤 따각따각 소리가 나게 잘 비벼 씻는다. 3 굵은 파는 어슷하게 썬다. 4 물이나 쌀뜨물이 팔팔 끓어오르면 ②의 바지락을 넣는다. 5 바지락의 입이 벌어지면 바로 불에서 내려 잠시 그대로 두었다가 바지락은 건져 내고 육수는 거즈에 밭쳐 냄비에 다시 붓는다. 6 ⑤에 된장을 풀고 끓으면 쑥을 넣고 쑥의 숨이 살짝 죽으면 파와 마늘 을 넣어 잠깐 더 끓인다. 7 건져 두었던 조개를 넣은 뒤 싱거우면 소금으로 간을 맞춘다.

맛있는 Tip 초봄에 나오는 어린 쑥은 쑥 모양을 그대로 살리고, 쇤 쑥은 손으로 빡빡 문질러 쑥 모양이 없어질 정도로 씻어 파란 물을 빼야 쓴맛이 나지 않는다.

쑥전 · 화전

쑥전 [재료] 찹쌀가루 150g, 쑥가루 20g, 쑥잎 적당량, 꿀(물엿) 2큰술, 소금 약간

1 찹쌀가루 · 쑥가루 · 소금을 넣고 익반죽한 뒤 말랑말랑한 반죽을 조금씩 떼어 내어 동글납작하게 빚는다. **2** 팬이 달구어지면 기름을 두르고 살짝 닦아 낸 뒤 약한 불에서 ①의 반죽을 얹어 지진다. **3** 한쪽이 익으면 뒤집어 쑥을 얹어 익힌 뒤 다시 뒤집어 잠깐 지진다. **4** 꿀이나 물엿을 곁들여 낸다.

화전 [재료] 찹쌀가루 150g, 진달래꽃 약간, 꿀(물엿) 2큰술, 소금 · 식용유 약간

1 찹쌀가루에 소금을 넣고 익반죽하여 동글납작하게 빚는다. **2** 팬이 달구어지면 기름을 두르고 살짝 닦아 낸 뒤 약한 불에서 ①의 반죽을 얹어 지진다. **3** 한쪽이 익으면 뒤집어 진달래꽃을 얹어 익힌 뒤 다시 뒤집어 잠깐 지진다. **4** 꿀이나 물엿을 곁들여 낸다.

쑥버무리 · 쑥개떡

쑥버무리 [재료] 멥쌀가루 4컵, 데친 쑥 100g, 설탕 4큰술, 소금 약간

1 멥쌀가루에 물을 넣어 섞은 뒤 체에 2~3회 내린다. **2** 쑥은 끓는 물에 데쳐서 물기를 꼭 짠 뒤 설탕을 섞어 틀에 넣는다. **3** 솥에 수증기가 오르면 ①, ②를 올려 15~20분 찐 뒤 5분간 뜸을 들인다.(젓가락으로 한가운데를 찔러 가루가 묻어나지 않으면 익은 것이다.) **4** 도마에 쏟아 시루 밑을 떼어 내고 한 김 식힌 뒤 보기 좋게 썰어 낸다.

쑥개떡 [재료] 쑥 800g, 쌀 5컵, 설탕 4큰술, 참기름 · 소금 · 식용유 약간씩, 뜨거운 물 컵

1 쑥을 끓는 소금물에 데쳐 불린 쌀과 함께 소금 간을 해 빻는다. **2** ①에 설탕을 넣어 익반죽한다. **3** 익반죽을 오래 치대어 적당한 크기로 떼어 손으로 탁탁 치면서 둥글납작하게 빚는다. **4** 쟁반에 식용유를 골고루 바른 뒤 납작하게 빚은 쑥개떡을 서로 겹치지 않게 올린다. **5** ④를 김이 오른 찜통에 얹어 찐 뒤 참기름을 발라가며 접시에 담는다.

쑥수제비전골

[재료] 쑥가루 10g, 밀가루 1컵, 팽이버섯 20g, 느타리 20g, 생표고 2 개, 당근 · 양파 1/4개씩, 호박 1/5개, 소금 약간 **[육수]** 쇠고기(양지머 리) 50g, 마른 다시마(사방 10cm) 1장, 양파 1/2개, 대파 1뿌리, 마늘 3 톨, 무1/5개, 물 5컵

1 밀가루는 체에 쳐서 쑥가루를 섞어 반죽한다. 2 냄비에 육수를 넣어 약 20분간 끓인다. 3 준비된 채소를 손질하여 편으로 썬다. 4 전골냄 비에 채소를 두르고 육수를 부은 뒤, ①의 반죽을 떼어 끓인 다음 소금 간을 한다.

맛있는 Tip 전골에 쑥수제비를 넣은 일품 요리. 수제비 대신 생면이나 국수를 넣어도 좋다.

애탕

[재료] 쇠고기(양지머리) 100g, 쑥 60g, 쇠고기(완자용) 100g, 물 5컵, 국간장 1/2큰술, 소금 1/2작은술, 밀가루 2큰술, 달걀 1개, 잣 1큰술, 후추 약간 **[장국 고기 양념]** 소금 · 참기름 · 다진 마늘 각 1작은술 **[완자 양념]** 소금 · 참기름 · 다진 마늘 각 1작은술

1 장국용 쇠고기를 납작하게 썰어 양념한 뒤 물을 부어 맑은장국을 끓여 국간장으로 간한다. 2 끓는 물에 소금을 넣고 쑥을 살짝 데쳐 찬물에 헹구어 물기를 꼭 짜서 곱게 다진다. 3 쇠고기는 곱게 다져 다진 쑥과 합쳐 완자 양념을 한다. 잘 치댄 뒤 잣을 넣어 1.5cm 크기로 완자를 빚는다. 4 쟁반에 밀가루를 얇게 깐 뒤 완자를 붙지 않도록 늘어놓고 쟁반을 수평으로 흔들어 완자를 밀가루에 굴린다. 5 ④의 완자는 달걀물에 넣었다가 끓는 장국에 하나씩 넣는다. 완자가 익어서 떠오르면 바로 대접에 담아 낸다.

맛있는 Tip 쑥의 줄기는 연해도 섬유질이 강하므로 잎만 사용한다.

쑥밥

[재료] 쑥 100g, 쌀 1컵, 소금 약간 [양념장] 간장 2큰술, 다진 마늘 · 다진 파 1/2큰술씩, 설탕 · 소금 · 후추 약간

1 쑥은 질기고 누런 잎을 떼어 내고 깨끗이 다듬는다. 연한 쑥은 그대로 쓰고, 자란 쑥은 잘게 썰어 소쿠리에 으깨듯 씻어 풀물을 빼며 씻는다. **2** 쌀은 30분 정도 불려 밥물에 소금을 약간 넣어 밥을 되직하게 짓는다. **3** 밥이 끓어 뜸이 들 때 쑥을 밥 위에 얹어 함께 뜸을 들인다. **4** 쑥밥에 양념장을 함께 낸다.

맛있는 Tip 쑥이 쇠어 독할 때는 바구니에 담아 으깨듯이 여러 번 문질러 씻어서 독한 맛을 뺀 뒤 사용한다. 살짝 데쳐서 국이나 나물, 밥을 해 먹는다.

쑥샐러드

[재료] 쑥 100g, 밤 3개, 홍고추 1개, 맛살 2줄 [요구르트 소스] 플레인요구르트 1개, 레몬 1/2개, 양파 50g

1 쑥 잎을 연한 것으로 선택해서 잡티를 골라내고 깨끗이 씻어 소쿠리에 건져 물기를 빼 둔다. **2** 밤은 깎아 찬물에 담갔다가 저며 썬다. **3** 고추는 동그랗게 썰고, 맛살은 적당한 크기로 자른다. **4** 믹서에 소스 재료를 모두 넣고 갈아서 소스를 만든다. **5** 접시에 ①, ②, ③을 균형 있게 담고 ④의 소스를 뿌려 준다.

머위

봄기운을 가장 먼저 맞는다는 머위의 한명(漢名)은 관동(款冬)으로, 시골집 담장 밑이나 사찰에서 쉽게 볼 수 있다. 얼음을 가르고 잔설(殘雪)을 뚫고 나오는 생명초로, '겨울을 금강석처럼, 송곳처럼 뚫는다'는 뜻에서 '찬동(鑽凍)', '겨울을 두드려 깨고 나오는 꽃'이라 하여 '관동화'로 불린다. '머우', '머구' 등 지방에 따라 다양한 이름으로 불린다. 4월부터 시작하여 1년 동안 2~3회에 걸쳐 수확할 수 있으며, 줄기와 잎을 식용하거나 약으로 쓴다. 습한 지역에서 왕성한 번식력으로 군락을 이루며 집 주변에 심어 가꾸는 일이 많다.

봄철에 덩어리로 뭉쳐 자라나는 꽃은 날것을 된장에 박아 장아찌로 만들거나 조려 먹으면 맛이 좋다. 꽃은 튀김으로 만들어 먹기도 하는데, 이는 초봄에만 만날 수 있는 별미다. 어린 머위 잎은 삶아서 쌈으로도 먹을 수 있으며, 성숙하면 잎을 따 버리고 줄기(잎자루)를 삶아서 물에 담가 아린 맛을 우려낸 뒤 껍질을 벗겨 내고 조리한다.

머위는 풀 전체에서 독특한 향이 나는 방향성 식물로, 잎에는 비타민A를 비롯한 비타민이 골고루 들어 있으며, 칼슘 성분이 풍부한데, 줄기보다는 잎에 많다. 파릇하고 연한 머위 새순을 먹으면 일 년 내내 큰 병 없이 지낼 수 있다 한다. 또 예부터 정력에 좋다 하여 남성에게 많이 먹였다. 비타민과 미네랄이 풍부하고 식욕 촉진 효과가 있으니 아주 근거가 없는 말은 아니다. 특히 잎에는 항균 효과가 강한 헥산알(hexanal)이라는 성분이 들어 있어 등푸른 생선이나 조개 요리를 할 때 연한 잎을 함께 넣으면 어패류로 인한 식중독을 막을 수 있다. 생선이나 조개가 끓어오르기 시작할 때 머위 잎을 넣은 뒤 향이 느껴지면 불에서 내려 곧바로 먹는다.

머위 달인 즙은 생선으로 인한 식중독이나 체기로 인한 설사에도 효과가 있다. 벌레에 물렸을 때는 머위 즙을 바르면 효과가 좋은 것으로 알려져 있다.

머위는 잎이 짙은 녹색을 띠고 싱싱한 것이, 줄기는 뿌리를 잡았을 때 팽팽한 느낌이

머위 꽃. 아주 잠깐만 피어 귀한 대접을 받는 식재료다.

군락을 이루어 자라는 머위. 성숙해지면 잎은 떼어 버리고 줄기를 식용한다.

드는 것이 신선하다. 봄빛이 완연할 때 연한 머위의 잎과 줄기를 모두 채취하여 나물로 먹으면 쌉쌀한 맛이 겨우내 묵은 반찬에 시들해진 입맛을 살려 준다. 연한 머위 잎을 양념 간장에 넣어 무친 겉절이, 살짝 데쳐 떫은맛을 충분히 우려낸 뒤 초고추장에 찍어 먹는 맛은 입을 개운하게 한다.

삶은 머위 줄기에 된장과 고추장을 넣고 조물조물 무쳐도 맛있다. 삶아서 껍질을 벗긴 머위줄기에 보리새우를 넣고 볶다가 들깨즙을 넣은 머위줄기나물은 맛과 영양이 균형을 이룬 좋은 반찬이다. 조릴 때 잔멸치를 넣으면 더욱 맛있다. 머위 줄기에 두부와 통깨를 넣고 두부가 으깨질 정도로 조물조물 무쳐 참기름을 살짝 뿌려도 별미가 된다. 녹즙을 내어 먹기도 하지만 그냥 먹기에는 맛이 강하므로 기호에 따라 설탕이나 꿀을 첨가하여 물을 타 먹는다.

우리나라뿐만 아니라 중국에서도 머위를 식재료로 쓴다. 광동에서는 머위의 쓴맛으로게 요리를 마무리하고, 민간에서는 종창이나 기침, 가래, 식욕 촉진제 등으로 쓴다. 머위잎을 씻어 소금에 버무리면 즙이 나오는데, 그 즙을 소주잔으로 한 잔 정도 마시면 갑작스런 현기증이 날 때 효과를 볼 수 있다고 알려져 있다.

기관지 천식이 있을 때 머위를 반찬으로 만들어 꾸준히 먹으면 증세가 가라앉고 체질도 개선된다.

머위나물

머위순고추장나물 [재료] 머위순 300g [고추장 양념] 고추장 2큰술, 고춧가루 1작은술, 다진 호두 · 굴소스 · 참기름 · 통깨 · 다진 파 1큰술씩
1 머위는 손질하여 끓는 소금물에 데친 뒤 재빨리 찬물에 헹구어 물기를 꼭 짠다. 2 호두는 따뜻한 물에 담가 이쑤시개로 껍질을 제거하여 굵게 다진다. 3 볼에 분량의 재료를 넣고 양념장을 만든다. 4 머위 · 호두 · 양념장을 한데 넣고 조물조물 무친다.

머위순된장나물 [재료] 머위순 300g, 홍고추 1/2개 [된장 양념] 된장 2큰술, 참기름 · 깨소금 · 다진 파 1큰술씩, 고추장 · 통깨 · 다진 마늘 1/2큰술씩, 굴소스 1작은술
1 머위는 손질하여 끓는 소금물에 데친 뒤 찬물에 헹구어 물기를 꼭 짠다. 2 분량의 재료를 넣고 양념장을 만든다. 3 데친 머위에 된장 양념장을 넣어 조물조물 무친다.

머위잎쌈

[재료] 머위 잎 200g, 흑미밥 1공기, 참기름 1큰술, 간장 1작은술, 소금1/4작은술 **[쌈장]** 된장 5큰술, 고추장 2큰술, 양파 1/4개, 다진 마늘 1큰술, 다진 파 2큰술, 풋고추 2개, 참기름·통깨 1큰술씩, 설탕 1작은술, 소금

1 머위 잎은 억센 줄기를 벗겨 낸 뒤 깨끗이 씻어 찜통에 넣고 살짝 쪄서 식힌다. **2** 머위 잎에 참기름 간장으로 조물조물 무쳐 밑간을 한다. **3** 흑미밥에 소금과 참기름을 넣어 버무린 뒤 동그랗게 뭉친다. **4** 흑미밥을 ②의 머위 잎으로 감싼 뒤 쌈장을 곁들인다.

맛있는 Tip 연한생 머위 잎으로 겉절이를 하거나 생으로 밥을 싸 먹으면 쌉싸름한 맛이 식욕을 돋운다.

머위대된장조림

[재료] 머위대 200g, 들기름 1큰술 **[양념]** 된장 1큰술, 간장 1작은술, 다진 마늘 1/2작은술, 소금 약간

1 머위대를 끓는 물에 데친 뒤 찬물에 헹구어 껍질을 벗긴다. **2** ①의 머위대의 물기를 없애고 적당한 크기로 썬다. **3** 머위대에 양념 재료를 넣고 조물조물 주물러 간이 배게 한다. **4** 팬에 들기름을 두르고 ③을 넣어 은근하게 조린다.

머위묵겉절이

[재료] 머위순 100g, 달래 30g, 도토리묵 1모, 홍고추 1개 **[양념장]** 고춧가루 2큰술, 설탕·식초·다진 파·깨소금 1큰술씩, 다진 마늘 1/2큰술, 소금 1작은술

1 연한 머위순, 달래는 손질하여 씻어서 소쿠리에 건져 물기를 빼 놓는다. 머위순이 큰 것은 손으로 잘라 놓는다. **2** 달래는 5cm 길이로 썬다. **3** 도토리묵은 1~5cm 길이로 썰고, 홍고추는 씨를 뺀 뒤 채 썬다. **4** 양념장을 만들어 살살 버무린다.

쑥부쟁이

전국 각지에 분포하며 산기슭이나 들판의 양지바른 풀밭에서 자라는 여러해살이풀로, 뿌리줄기가 옆으로 뻗으면서 높이 50cm 정도로 자란다. 7~10월에 꽃이 피어나 전국의 산야를 연보랏빛으로 물들인다.

쑥부쟁이 어린순은 떫지 않고 담백한 맛을 지니고 있어서 오래 전부터 널리 식용해 온 야생초다. 봄에 솟아나온 어린순을 따다가 깨끗이 씻은 다음 담백하게 양념하여 나물로 먹는다. 쌀과 섞어 나물밥을 짓기도 하는데, 처음부터 넣지 말고 뜸을 들일 때 잘게 썬 잎을 넣는다. 튀김을 해 먹어도 좋고, 들기름에 볶아 먹어도 좋으며, 된장국 재료로도 쓴다. 전라도 구례에서는 '쑥구재미'로도 부르는데, 연한 순을 뜯어다 말려서 묵나물로 먹기도 한다.

여름과 가을 사이에 전초(全草)를 채취하여 말려서 약재로 쓰는데, 약리 실험에서 이 달임약이 강심(强心) 작용을 하는 것으로 밝혀졌다. 실제로도 쑥부쟁이는 예부터 심장과 관계되는 질환에 주로 쓰여 왔다. 또한 소변을 잘 나오게 하며 비장을 튼튼하게 하고, 위장 기능을 도와 음식을 잘 소화시키는 구실도 한다.

민간에서는 전초를 달여서 기관지천식과 기침, 몸이 부을 때 써 왔으며, 잎과 씨를 한데 모아 살충약으로 썼다.

나물보다는 꽃으로 더 알려진 쑥부쟁이. 어린 싹을 뜯어도 다시 자라 가을에 무성하게 꽃을 피운다.

쑥부쟁이간장무침

[재료] 쑥부쟁이 300g [양념] 간장 · 참기름 · 깨소금 · 다진 파 1큰술씩, 고추장 · 통깨 · 다진 마늘 1/2큰술씩

1 쑥부쟁이는 연한 부분으로 다듬어 깨끗이 씻는다.
2 냄비에 쑥부쟁이의 3~4배 정도의 물을 붓고 팔팔 끓으면 소금을 넣는다. 3 쑥부쟁이를 넣어 살짝 데친 뒤 바로 건져 찬물에 헹궈 물기를 꼭 짠다. 4 분량의 재료를 넣고 양념장을 만든다. 5 데친 쑥부쟁이에 양념장을 넣고 조물조물 무친다.

맛있는 Tip 참기름이나 들기름에는 불포화지방산 함량이 높아 봄나물에 부족한 영양분을 보충해 주고 뻣뻣한 나물을 부드럽게 만든다.

쑥부쟁이완자전

[재료] 쑥부쟁이 200g, 다진 쇠고기 2큰술, 두부 1/8모, 다진 마늘 1/2큰술, 밀가루 1/2컵, 달걀 1개, 소금 · 후추 · 식용유 적당량

1 쑥부쟁이는 끓는 물에 소금을 넣고 살짝 데쳐서 찬 물에 헹구어 1시간 정도 담가 두고 물을 갈아 주며 쓴 맛을 제거한다. 2 쇠고기와 마늘은 다지고 두부는 물기를 닦고 으깬다. 3 ①과 ②를 섞어 둥글게 완자를 만들고 밀가루를 입히고 달걀옷을 입힌다. 4 팬에 식용유를 두르고 지져 낸다.

쑥부쟁이고추장무침

[재료] 쑥부쟁이 300g, 고추장 1큰술, 된장 1/2큰술, 설탕 1/2작은술, 다진 파 1큰술, 다진 마늘 1/2큰술, 통깨 · 들기름 1큰술씩, 굵은 소금 1큰술

1 연한 쑥부쟁이를 다듬어 깨끗이 씻는다. 2 냄비에 쑥부쟁이의 3~4배 정도의 물을 붓고 팔팔 끓으면 소금을 넣는다. 3 쑥부쟁이를 넣어 살짝 데친 뒤 바로 건져 찬물에 헹궈 물기를 꼭 짠다. 4 분량의 재료를 넣고 양념장을 만든다. 5 데친 쑥부쟁이에 양념장을 넣고 조물조물 무친다.

맛있는 Tip 쑥부쟁이는 시금치와 마찬가지로 뿌리 주변의 자색 부분이 특히 맛있다. 특유의 향기를 즐기고 싶다면 파나 마늘 등의 진한 양념은 쓰지 않는다.

돌미나리

우리나라 전역에 널리 분포하며 들판의 습지와 물가에 흔히 나는데 번식력이 왕성하다. 요즘은 논에 심어 대량으로 재배하기도 하지만 재배한 것보다는 각지의 골짜기나 물가, 습한 땅에서 절로 자라는 돌미나리가 훨씬 향취가 짙고 영양 성분도 뛰어나다.

미나리는 다른 채소가 갖고 있지 않은 독특한 향미가 있어서 누구나 환영하는 좋은 식품이다. 김장을 담글 때 없어서는 안 될 재료이며, 생선찌개에 넣고, 나물 반찬으로 식탁에 오른다. 특유의 향은 해산물의 비릿한 맛을 완화시켜 주며, 나물무침이나 생채 등의 요리를 해도 좋다.

비타민·단백질·칼슘·철분 등 무기질이 풍부한 알칼리성 식품으로, 빈혈과 변비를 예방하며, 피를 맑게 하고 숙취에도 좋다. 음주 뒤 머리가 아플 때 미나리 즙을 마시면 두통이 말끔히 사라진다. 간경화증과 간염에도 특효가 있다고 알려져 있다. 미나리를 간 질환에 약용할 때는 많은 양을 달여 복용하거나 가능하면 푸짐하게 생식하는 것이 효과적이다. 또 올리고당을 넣어 숙성시킨 미나리 즙은 피로 회복제로 좋다.

미나리를 먹으면 정신을 맑게 하고 혈액을 보호해 준다고 하는데, 이는 미나리에 특수한 정유(精油) 성분과 철분이 풍부하기 때문이다. 보온·발한 작용을 하여 감기와 냉증을 치료하는 데도 좋고, 비타민도 풍부한 편이다. 열을 내리고 혈압을 낮추며, 고혈압·동맥경화·황달·설사·변비 치료에도 효과가 있다.

선조들은 소나무의 품격을 찾듯 식채(食菜)로서의 미나리의 품격을 높이 사 미나리에서 삼덕(三德)을 찾아냈다. 첫 번째 덕은 속세를 상징하는 진흙탕에서 때 묻지 않은 채 파랗고 싱싱하게 자라나는 심지(心志)요, 두 번째 덕은 볕이 들지 않는 응달에서도 잘 자라는 덕이요, 세 번째 덕은 가뭄에도 푸름을 잃지 않고 이겨내는 강인함이다. 이처럼 미나리는 식용으로뿐만 아니라 뜻을 기르는 '양지(養志)'라는 덤까지 부가된 식품이었기에 선비의 밥상에 올랐다.

돌미나리의 어린순. 뿌리까지 먹을 수 있다.　　미나리 꽃

　　미나리 요리로 가장 보편적인 것은 살짝 데쳐 돌돌 말아 초고추장에 찍어 먹는 미나리 강회다. 미나리의 향취와 씹는 맛을 최고로 살린 음식이라 할 수 있다. 복어탕에는 반드시 미나리를 넣는데, 이는 복어와 미나리가 맛의 조화를 이룰 뿐만 아니라 미나리가 복어의 독성을 풀어 주고 신진대사를 촉진하는 효과가 있기 때문이다. 전통적인 봄 상차림 가운데 '봄삼첩'이라 하여, 흰밥에 무 장국, 나박김치, 간장 그리고 청포 무침과 조기 조림, 미나리강회를 올릴 정도로 미나리는 봄의 미각이다.

독미나리 구별법

　　독미나리를 먹으면 구토·현기증·경련 등의 식중독으로 고생하는 일이 있다. 독미나리는 키가 1m 정도로, 높이가 30cm 정도 되는 보통의 미나리보다 키가 훨씬 크다. 그리고 굵은 지하경(밑둥치)에는 마디가 있고, 마디 사이는 속 안이 비어 있는 대나무 같은 특징이 있으므로 잘 식별해야 한다. 한창 자랄 무렵에는 보통 미나리의 키와 비슷하므로 착각할 수 있다. 이 경우 밑둥치의 마디 사이를 갈라 보아 대나무처럼 속이 비어 있으면 독미나리다.

돌미나리나물

[재료] 돌미나리 300g **[간장 양념]** 국간장 · 깨소금 · 다진 파 · 참기름 · 깨소금 1큰술씩, 다진 마늘 · 통깨 1/2 큰술, 소금 약간

1 돌미나리는 지저분한 잎을 떼어 내고 깨끗이 씻는다. **2** 미나리 무게의 3~4배의 물을 끓이다가 굵은 소금을 약간 넣고 데친 뒤 재빨리 찬물에 헹궈 물기를 가볍게 짠다. **3** 양념 재료를 섞어 데친 미나리를 조물조물 무친 뒤 참기름을 넣고 통깨를 뿌린다.

미나리낙지말이

[재료] 낙지 1마리, 미나리 100g, 홍고추 1개, 무 50g, 오이 1/2개 **[초고추장]** 고추장 3큰술, 식초 · 설탕 · 물엿 · 다진 마늘 1큰술씩, 생강즙 1/2큰술

1 낙지는 굵은 소금으로 바락바락 주물러 씻어 끓는 소금물에 데쳐 6cm 길이로 썬다. **2** 홍고추 · 무 · 오이도 같은 길이로 썰고, 미나리는 끓는 물에 데쳐 낸다. **3** 낙지와 ②의 야채를 적당히 섞어 미나리로 돌돌 말아 끝을 정리한다. **4** 초고추장을 곁들여 낸다.

돌미나리새우살무침

[재료] 돌미나리 200g, 새우살 100g, 청주 1큰술 **[초고추장 양념]** 고추장 2큰술, 고춧가루 1큰술 · 식초 · 통깨 · 설탕 · 매실청 · 다진 파 1큰술씩, 다진 마늘 1/2큰술, 소금 약간

1 돌미나리는 이파리가 납작납작한 것으로 준비해 손질하여 씻는다. 2 끓는 소금물에 데친 뒤 찬물에 헹구어 물기를 꼭 짠 다음 먹기 좋게 두어 번 자른다. 3 새우살은 끓는 물에 소금과 술을 넣고 살짝 데친다. 4 식초를 뺀 양념장 재료를 한데 섞어 초고추장 양념을 만든다. 5 ②의 미나리에 ③의 새우살과 양념을 넣어 조물조물 무친다. 먹기 직전에 식초와 통깨를 넣고 한번 더 버무린다.

돌나물

습기가 있는 산기슭이나 들판, 논두렁, 밭두렁에서 흔히 볼 수 있다. 줄기가 채송화를 닮았고 5~6월에는 노란 꽃이 핀다. 시골에서는 돈나물이라는 이름으로 더 많이 부른다. 한국이 원산지이며, 뽑아서 아무 데나 버려두어도 곧 뿌리를 내려 살아날 정도로 번식력이 매우 강하다. 다듬고 나머지를 화단에 버려두면 어느 틈엔가 포기를 이루어 자라고 있는 돌나물을 발견할 수 있다.

비타민C는 물론 인산과 칼슘 등 무기질이 풍부하며, 특히 칼슘은 우유의 2배나 되는 것으로 알려져 있다. 수분 함량이 수박보다 많아 봄철 건조해진 피부의 수분 보충에도 효과적인 야생초다.

쉽게 구할 수 있는 야생초이므로 예부터 채소로 즐겨 먹어 왔다. 물김치로 담가 먹으면 시원한 자연의 맛을 느낄 수 있는데, 특히 여름에는 오이와 함께 담가 신선한 향미를 즐기곤 했다. 잎에 많은 물기가 있어 씹을 때 담백한 질감을 내며, 지역에 따라 고깃국에 넣어 먹기도 한다.

햇볕이 잘 드는 뜰 한구석에 심으면 번식력이 워낙 왕성하여 귀찮을 정도로 잘 자란다. 봄부터 가을까지 계속 뜯어 먹을 수 있으며, 맛이 순해서 채소로서의 가치도 높다. 또한 노랗게 늘어지면서 피는 꽃은 화분용 관상식물로도 활용 가치가 크다.

해독 성분이 들어 있어 종기가 나거나 데었을 때, 독충이나 뱀에 물렸을 때 꽃을 찧어 붙이면 효과가 있는 것으로 알려져 있다. 한약명은 석지갑(石指甲)이다. 간염이나 황달, 간견병증 같은 간질환에 효과가 좋은 것으로 알려져 있으며, 《동의학사전》에는 돌나물이 전염성 간염에 효과가 좋다고 기록되어 있다.

여성 호르몬인 에스트로겐을 대체하는 성분이 있다고 밝혀져 폐경 이후 여성들이 호르몬 감소로 인해 겪는 갱년기 우울증을 이겨내는 데 도움이 되는 것으로 밝혀졌으며, 최근에는 콜레스테롤 수치를 낮춰 준다는 연구 결과도 있어 남성들에게도 좋은 음식이다.

이른 봄 막 순이 돋아나는 어린 돌나물

성숙하여 꽃이 피기 전의 돌나물

또한 피를 맑게 하므로 누구에게나 좋은 건강식품이다.

돌나물은 약용으로도 활용된다. 잎과 줄기, 뿌리를 모두 채취하여 햇볕에 말려 쓰면 열을 내리고 독을 풀어 주는 작용이 양호하다. 목이 붓고 아픈 증세와 황달에도 좋다고 한다. 하루 세 번 15~30g 정도 달여 먹는다.

화상을 입었을 때 잎을 짓찧어 환부에 붙이면 시원해진다.

북한의 《본초학》에서는 신선한 잎을 짓찧은 즙으로 계속 먹으면 전염성 간염에 효과를 나타낸다고 밝히고 있다. 한약처럼 달여 복용하는 것보다는 자주 음식으로 섭취하여 효력을 보는 것이 이롭다. 생채로 무치거나 녹즙용으로 이용하면 많이 먹을 수 있다.

돌나물탕평채

[재료] 청포묵 1모, 돌나물 100g, 달래 30g, 달걀 1개, 연근 50g, 홍피망 1/2개
[치자물] 치자 3개, 식초 1큰술, 설탕 1/2큰술, 소금 약간 [초간장] 식초 · 진간장
2큰술씩, 물 1/2큰술, 설탕 1작은술

1 돌나물을 가볍게 흔들 듯 씻어 소쿠리에 건져 물기를 거둔다. 2 연근은 통으로
얇게 썰어 찬물에 헹구어 끓는 물에 식초를 넣고 살짝 데쳐 찬물에 헹군다. 3 따뜻
한 물에 치자 · 식초 · 설탕 · 소금을 넣어 푼 뒤 연근을 넣어 새콤한 노란색 물을
들인다. 4 청포묵은 3×4×0.7cm 크기로 도톰하게 썰어 체에 담고 뜨거운 물에
넣어 묵이 야들야들해지면 건져 내어 소금과 참기름으로 무친다. 5 달걀은 황백
지단을 도톰하게 부쳐 4cm 크기로 썬다. 6 달래는 다듬어 씻어 4cm 길이로 썰고,
홍피망은 씨를 털어 낸 뒤 같은 크기로 썬다. 7 먹기 직전에 준비된 ①~⑥을 모두
넣고 초간장으로 가볍게 털듯이 버무린 뒤 채 썬 지단을 섞어 그릇에 담는다.

돌나물두부겉절이

[재료] 돌나물 200g, 두부 1모 [초고추장] 고추장 2큰술, 고춧가루 · 식초 · 통깨 · 설탕 · 다진 파 1큰술씩, 다진 마늘 1/2큰술, 소금 약간

1 돌나물은 망에 담아서 흐르는 물에 여러 번 씻어서 헹구어 체에 건져 물기를 뺀다. 손으로 지나치게 주물럭거리면 풋내가 나므로 주의한다. **2** 두부는 끓는 물에 데쳐 4~2cm 길이로 썬다. **3** 초고추장을 만들어 숙성시킨다. **4** 접시에 두부를 돌리고 가운데에 돌나물을 올린 뒤 초고추장을 끼얹는다.

맛있는 Tip 돌나물은 줄기째 잘라 깨끗이 다듬어 날로 이용한다. 돌나물은 피를 맑게 하고 특유의 향기가 있어 주로 생채로 이용한다.

돌나물생채

[재료] 돌나물 200g [양념장] 고춧가루 2큰술, 고춧가루 · 설탕 · 식초 · 다진 파 · 깨소금 1큰술씩, 다진 마늘 1/2큰술, 소금 약간

1 돌나물은 손질하여 깨끗이 씻어 물기를 제거한다. **2** 분량의 재료를 넣어 양념장을 만든다. **3** ①의 돌나물에 양념장을 넣어 가볍게 버무린다.

맛있는 Tip 생채는 무쳐서 바로 먹어야 맛있으므로 양념장을 만들어 두었다가 먹기 직전에 무쳐서 낸다.

꽃마리

숫아나오는 새싹이 메밀 싹과 닮았다 하여 강원도 영서 지방에서는 '메밀나물' 이라고도 부르며, 남쪽 산간 지방에서는 '미물나물' 이라고 부르기도 한다. 겨울 추위가 가셨다 싶을 때 햇살이 잘 들고 습기가 있는 비탈에 서면 쑥보다도 빨리 자라 있는 걸 발견할 수 있다. 워낙 일찍 나와 '올나물' 이라고도 부른다.

된장국에 넣어 먹기도 하고, 살짝 데쳐 나물로 무쳐 먹는다. 밀가루나 쌀가루로 반죽하여 전을 부쳐 먹어도 맛있고 튀김 재료로도 좋다.

한방에서는 다 자란 풀을 늑막염이나 감기에 약으로 쓴다.

꽃은 4~5월에 연한 하늘색으로 피는데 지름이 2mm 정도로 아주 작다. 봄에 어린순을 캐서 나물로 쓰기도 한다. 이른 봄 해가 잘 비치는 양지에서 몇 개체씩 모여 핀다.

꽃이 필 때 둘둘 말려 있던 꽃들이 펴지면서 밑에서부터 한 송이씩 피기 때문에, '꽃마리(꽃말이)' 라는 이름이 붙었다고 한다. 흙 위에서 바로 가지가 갈라져 나오기 때문에 한 군데에서 수많은 개체가 모여 난 것처럼 보이는 특징이 있다.

참꽃마리는 꽃마리와 형태가 거의 비슷한데 크기는 거의 두세 배이고, 줄기 색이 꽃마리에 비해 현하다. 산지 큰 나무 아래, 그늘지고 습한 곳에서 군락을 이루어 자라는 것을 볼 수 있다. 단지 모양의 연한 남색 통꽃이 5~7월경 한 개씩 핀다. 꽃과 잎이 아름다워 관상용으로도 적당하다.

이른 봄에 볼 수 있어 올나물. 소복하게 자라는 꽃마리는 관상으로도 좋고 나물로도 쓰임새가 좋다.

꽃마리샐러드

[재료] 꽃마리 300g, 청피망 30g, 노란 파프리카 20g, 홍고추 1개 **[초고추장]** 고추장 3큰술, 고춧가루 · 식초 · 설탕 · 깨소금 · 다진 파 1큰술씩, 다진 마늘 · 통깨 · 참기름 · 간장 1/2큰술씩

1 꽃마리는 깨끗이 씻어서 물기를 제거한다. 2 피망, 파프리카, 고추는 채 썬다. 3 초고추장은 식초만 빼고 분량의 재료를 넣고 잘 섞어 냉장고에서 숙성시킨다. 4 꽃마리 · 피망 · 파프리카 · 고추에 초고추장을 넣어 살살 섞듯이 가볍게 버무린다.

※ 샐러드는 드레싱에 따라 맛이 달라지므로 다양한 드레싱을 만들 줄 알면 한 가지 재료로도 색다른 맛을 즐길 수 있다.

양파드레싱 [재료] 양파 1/2개, 올리브오일 1.5컵, 식초 1/2컵
1 양파는 곱게 다져 행주에 소금을 조금 넣고 싸서 찬물에 헹군다. 2 올리브오일과 식초를 섞어 만든 프렌치드레싱에 양파를 섞는다.

오이프렌치드레싱 [재료] 오이 1개, 올리브오일 1.5컵, 식초 1/2컵
1 올리브오일과 식초를 섞어 프렌치드레싱을 만든다. 2 오이를 얇게 채 썬 뒤 곱게 다져 프렌치드레싱에 섞는다.

민들레

봄날 들판의 양지바른 풀밭이나 길가에서 흔히 볼 수 있는 민들레는 국화과의 여러해살이 풀이다. 이른 봄에 꽃이 피는데, 잎은 뿌리에서만 자라난다. 뿌리는 굵고 길며 토막이 잘려도 다시 살아난다. 꽃이 핀 뒤 쓴 흰 털모자가 바람에 날려 흩어진다 하여 '머리털이 허옇게 센 노인(파파정)', 줄기가 없어서 꽃이 땅바닥에 붙어 핀다 하여 '앉은뱅이꽃'이라고도 한다. 요즘은 노란 꽃을 흔히 볼 수 있는데, 토종은 흰 꽃이 피는 것이다.

민들레는 주로 이른 봄에 어린 싹을 뿌리째 캐서 나물이나 국거리로 이용하지만 일 년 내내 다양한 방법으로 먹을 수 있다. 잎을 살짝 데쳐서 나물로 삼을 수 있으며, 튀김으로도 하고 샐러드로 해도 괜찮다. 꽃은 소금에 절였다가 살짝 데쳐서 잠시 우려낸 뒤 무쳐 먹는다. 어린잎은 날것 그대로 고추장에 찍어 먹거나 기름에 볶아 먹는다. 쓴맛을 줄이기 위해 데쳐서 우려내기도 한다.

한방에서는 꽃피기 전의 민들레를 포공영(蒲公英)이라 하여 통째로 말려 약으로 쓰는데, 봄·가을에 채취하거나 바람이 잘 통하고 볕이 잘 드는 곳에서 자란 것은 달고, 여름철이나 황폐한 땅에서 자란 것은 쓰다.

민들레의 싱싱한 생잎을 고추장이나 된장과 함께 쌈싸 먹으면 밥맛도 좋아진다. 대변의 부피가 비지 상태처럼 불어나고 부드러워져서 변비가 해결된다. 이 변비 해소 효과는 섬유소 덕분이기도 하지만 가벼운 설사 작용을 유발하는 성분이 들어 있는 탓이기도 하다. 하지만 많은 양을 섭취하면 뒤통수가 지끈거리는 부작용이 일어나므로 소량을 끼니마다 생으로 먹는 것이 좋다.

민들레는 효능은 다양하다. 염증과 종기를 가라앉히는 효과가 좋아 종창·유방염·인후염·복막염·급성 간염 등에 쓰이고, 항균·해독 효과가 있어 몸속에 침입한 유해균을 물리치고 독성을 풀어 준다. 또 건위·강장 작용을 하여 위장을 보호하고, 소화 불량·만성위염·위염·식도암에도 효과를 발휘한다. 특히 위궤양이나 만성 위약(胃弱)

이른 봄 갓 돋아난 민들레는 쌉싸름한 맛이 일품인 나물이
다. 일년 내내 먹을 수 있다.

민들레 꽃도 식용·약용한다. 흰꽃이 피는 민들레가 토종
이다.

등의 증상에 잎을 생으로 무쳐 먹거나 말린 뿌리를 달여 먹이면 좋다 하여 널리 이용되어
왔다. 민간에서는 젖을 많이 분비하게 하는 약재로도 사용한다. 뿌리와 줄기를 자르면 하
얀 젖과 비슷한 물질이 나온다 하여 '개젖풀(구유초)' 이라고도 한다. 단, 체질적으로 허약
하고 몸이 냉한 사람은 과용하지 말아야 한다.

민들레차는 체력이 허약할 때 커피 대신 마시면 좋다. 말린 뿌리를 가루로 곱게 빻아
뜨거운 물에 풀면 커피 비슷한 맛이 샘솟는다. 밤늦게 마셔도 잠이 안 오는 등의 부작용
이 없으므로 마음 놓고 마셔도 된다. 민들레를 얇게 썰어 프라이팬에 볶아 가루 낸 것을
1/2작은술 정도 떠서 찻주전자에 넣고 끓여 설탕이나 꿀을 넣어 마시면 된다.

피부 미용에도 효과가 좋아 실핏줄이 잘 터지거나 약한 부위에 팩을 하면 효과적이다.
그리고 뿌리를 캐어 뜨거운 물에 잠시 담갔다가 껍질을 벗겨 데친 다음 썰어서 건조시킨
것을 끈적하게 달여 소량씩 복용함으로써 위장의 불편함을 고친 사례가 많다.

최근 연구에 의하면 민들레 추출물로 동물 실험을 해 본 결과, 위점막 보호 작용을 나
타냈으며, 알코올이나 아스피린 등에 의한 위의 손상을 80~90%까지 억제해 주는 것으
로 밝혀졌다. 민들레가 위염을 막고 위장 질환의 개선에 효과가 있다는 것이 동물 실험에
서 입증된 것이다.

민들레무침

민들레된장무침 [재료] 민들레 300g, 잣 1큰술 [**된장 양념**] 된장 · 참기름 · 깨소금 1큰술씩, 고추장 · 통깨 · 다진 파 · 다진 마늘 1/2큰술씩, 국간장 1작은술

1 민들레를 다듬어 씻어 끓는 물에 소금을 넣어 데친 다음 찬물에 헹궈 물기를 제거한다. **2** 잣은 젖은 행주로 깨끗이 닦은 뒤 도마에 키친타월을 깔고 잣을 놓고 칼끝으로 자근자근 곱게 다진다. **3** 양념 재료를 모두 섞어 된장 양념을 만든다. **4** ① 과 ②에 된장 양념을 넣고 조물조물 무쳐서 통깨 를 넣고 마무리한다.

민들레고추장무침 [재료] 민들레 300g [양념] 고추장 2큰술, 식초 · 통깨 · 설탕 · 다진 파 1큰술씩, 다진 마늘 1/2큰술, 소금 약간

1 민들레는 손질하여 씻어 끓는 소금물에 살짝 데 친 뒤 재빨리 찬물에 헹구어 물기를 꼭 짠다. **2** 분 량의 재료를 넣고 양념장을 만든다. **3** 데친 민들 레에 양념장을 넣어 조물조물 무친다.

민들레쌈밥

[재료] 민들레 잎 300g, 잡곡밥 1공기, 홍고추 · 검은깨 약간 [**밥 양념**] 참기름 1/2큰술, 소금 약간 [**쌈장**] 된장 3 큰술, 고추장 · 참기름 · 다진 양파 · 다진 마늘 1큰술씩, 설탕 1작은술

1 민들레 잎은 손질하여 깨끗이 씻어 끓는 소금물 에 살짝 데쳐 찬물에 헹궈 소쿠리에 건져 물기를 없앤 뒤 한 장씩 물기를 닦는다. **2** 고추는 동글동 글하게 썬다. **3** 쌈장 재료를 골고루 섞는다. **4** 잡 곡밥에 참기름과 소금을 넣어 잘 섞어서 작은 주 먹밥을 만든다. **5** ④를 ①의 민들레 잎으로 감싸 고 쌈장을 올린 뒤 검은깨를 뿌린다.

민들레겉절이

[재료] 민들레 잎 200g, 풋고추 · 홍고추 1개씩 **[양념장]**
고춧가루 · 까나리액젓 2큰술씩, 다진 파 · 통깨 · 참기름
1큰술씩, 간장 1작은술, 다진 마늘 1/2큰술, 소금 약간

1 민들레 잎을 손질하여 깨끗이 씻은 뒤 소쿠리에 건져
물기를 뺀다. 2 고추는 씨를 뺀 뒤 채 썬다. 3 양념장을
만들어 민들레와 고추를 넣고 가볍게 버무린다.

씀바귀

쓰디쓴 나물의 대명사 씀바귀. 한때는 비탈진 밭이나 논두렁 등 집 근처 어디서나 볼 수 있는 야생초였지만 제초제를 쓰는 농가가 늘어나면서 자취를 감추고 있다. 흔히 고들빼기나 왕고들빼기, 방가지똥도 쓴맛이 강하여 씀바귀라 부르는 지역이 많지만, 씀바귀는 연한 노란색이 감도는 땅속뿌리를 먹는 나물이다. 눈 속에서도 푸른 기운을 유지한다 하여 '유동(遊冬)' 이라고도 부르며, 땅속으로 줄기가 뻗어나가 논두렁 밭두렁의 사태를 방지한다 하여 충남 지방에서는 '사태월싹' 이라고도 부른다.

씀바귀는 꽃이 피기 한참 전인 이른 봄, 눈이 녹자마자 캐 먹는 것이 가장 맛있다. 약 3천 년 전의 시를 모은《시경(詩經)》에 '누가 씀바귀가 쓰다고 하는가. 맛의 달기가 냉이와 같도다.' 라는 구절이 있는 것을 보아 씀바귀를 먹은 역사가 오래되었음을 알 수 있다. 씀바귀는 잎보다는 뿌리를 주로 먹는다. 땅속으로 가늘고 숱 많은 뿌리가 50cm 이상 뻗어나간다. 그래서 씀바귀를 캘 때는 땅 위로 솟은 잎에서 사방 한 뼘 거리를 두고 호미로 깊게 파 뿌리를 들어낸다.

씀바귀의 쌉싸름한 맛은 미각을 돋우는 데 중요한 역할을 한다. 입맛이 없을 때 데치거나 생으로 고추장에 무쳐서 먹으면 좋다. 위장을 튼튼하게 해 소화 기능을 개선해 주는데 옛 어른들은 이른 봄에 씀바귀나물을 먹으면 그해 여름 더위를 타지 않는다고 했다. 열병·속병에도 좋고, 얼굴과 눈동자의 누런기를 없애는 데도 좋다.

씀바귀나물을 먹어 보면 쓰지만 달다는 표현이 저절로 이해될 정도로 봄 식탁에 어울리는 나물이다.

잎보다 뿌리를 더 많이 먹는 씀바귀

씀바귀나물

[재료] 씀바귀 뿌리 300g, 미나리 50g **[초고추장 양념]** 고추장 3큰술, 고춧가루 · 식초 · 설탕 · 깨소금 · 다진 파 1큰술씩, 다진 마늘 · 통깨 · 생강즙 · 간장 1/2큰술씩

1 씀바귀의 억센 부분을 떼어 낸 뒤 물에 담가 가볍게 비벼 씻어 지저분한 털뿌리를 없앤다. 2 깨끗이 씻어 끓는 물에 소금을 넣고 살짝 데쳐 찬물에 헹군 뒤, 다시 찬물에 1시간 정도 담가 쓴맛을 우려낸다. 3 미나리는 줄기만 소금물에 데쳐 3cm 길이로 썬다. 4 양념 재료를 골고루 섞어 초고추장 양념을 만든다. 5 ②의 씀바귀의 물기를 뺀 뒤 데친 미나리를 섞어 초고추장 양념을 넣고 버무린다.

맛있는 Tip 이른 봄철에 캐낸 씀바귀는 뿌리가 탄력이 있으면서도 연하고 씹는 맛이 있다. 끓는 물에 데쳐서 찬물에 담가 몇 번 물을 갈아 주면 쓴맛이 어느 정도 빠진다. 쓴맛을 즐기는 사람은 날것 그대로 요리해도 좋다. 입 안에서 아삭거리는 질감이 오히려 쓴맛을 중화해 준다.

원추리

원추리는 큰원추리 · 골입원추리 · 애기원추리 · 각시원추리 등 종류가 10여 종이나 되는데 품종에 따라 노란빛이나 주황빛 꽃을 피운다. 산과 절 주변에 흔한 백합과에 딸린 여러해살이풀로, 종 모양의 꽃이 핀다. 황화채(黃花菜)나 모애초(母愛草)라고도 하고, 꽃봉오리는 금침채(金針菜)라 한다. 모애초란 가을에 말라 버린 잎들이 겨울엔 땅속의 씨를 덮어 주고 썩어서 거름이 되니 엄마의 사랑 같은 풀이라는 뜻이다.

원추리는 '넘나물'이라고 하여 봄에 10cm 정도의 높이로 자란 어린순의 밑동을 도려내어 갖은 양념을 넣어 볶거나 데쳐서 무치기도 하고, 국을 끓이거나 된장찌개에 넣어 먹는다. 여름철에는 꽃을 따서 나물로 먹거나 튀김으로 해 먹는다. 꽃을 따자마자 살짝 쪄서 말린 뒤에 자주 달여 마시는 것도 역시 괜찮다. 말린 꽃은 중화요리의 중요한 재료가 된다. 꽃잎은 따서 설탕에 절여 잼을 만들거나 소주에 담가 화주(花酒)를 만들어도 좋다. 겨울에는 뿌리를 나물로 먹는다. 당근이 없었던 시절에는 음식에 색을 주는 중요한 식재료이기도 했다.

원추리 뿌리 끝에는 덩이구슬이 여러 개 달려 있는데, 녹말과 단백질 등 영양소가 많고 맛이 좋아 우리 선조들은 오래 전부터 원추리를 자양 강장제로 먹었다. 뿌리에서 추출한 녹말에 곡식을 섞어 떡을 만들어 먹기도 했다. 하지만 뿌리에는 약간의 독이 있어서 과식할 경우 신장에 탈이 날 수 있다.

원추리는 '근심을 잊게 하는 풀'이라 하여 '망우초(忘憂草)'라고 부른다. 《연수서(延壽書)》에 '원추리의 어린 싹을 먹으면 홀연히 술에 취한 것 같아 마음이 황홀해진다. 그래서 이름을 망우초라고 부른다.'는 구절이 있기 때문이다.

우리 선조들은 원추리순을 지푸라기로 엮어서 처마 밑에 매달아 두었다가 정월대보름에 국을 끓여 먹기도 했다. 보름날 원추리를 먹으면 걱정이 생기지 않는다고 믿었기 때문이다.

원추리 어린순

원추리 꽃

　원추리의 맛과 성질은 파와 비슷한데, 산채 가운데서도 맛이 가장 뛰어나다. 원추리를 채취할 때는 잎이 흐트러지지 않게 뿌리 근처의 하얀 곳을 칼로 도려내야 한다. 이곳은 점액이 있어 특히 맛있는 부분이기도 하다. 초된장무침·양념장무침 등 다양한 요리로 이용된다. 고기를 넣은 국은 원추리탕이라 하여 궁중에서도 즐겼는데, 미역국 이상으로 맛이 좋다.

　중국 주나라 《풍토기(風土記)》에는 임신한 부인이 원추리를 몸에 지니고 있으면 아들을 낳는다고 하여 의남초(宜男草)로 불렸다고 한다. 이것이 우리나라에도 전해져 향낭이나 주머니에 원추리꽃을 넣어 지니고 다니는 풍습이 있었다. 사실 원추리는 월경 과다·대하증·월경 불순 등 여성의 귀찮은 증상들을 떨쳐 버리는 효능을 인정 받아 왔고, 사악한 기운이 침입하여 생긴 마음의 병인 흉격(胸膈)을 치료하는 약으로도 썼다. 약으로 쓸 때의 이름은 훤초(萱草)로, 여기서 훤(萱)은 '잊을 훤(萱)'에서 비롯되었다.

　원추리는 번식력이 좋으므로 햇볕이 잘 드는 마당가에 한번 심어 놓으면 화려한 꽃과 나물을 즐길 수 있는 기회를 얻게 될 것이다.

원추리볶음

[재료] 원추리 300g, 홍고추 1개, 양파 1/2개 [양념] 국간
장 · 다진 파 1큰술씩, 다진 마늘 · 들기름 1/2큰술씩, 깨
소금 1작은술, 소금 · 식용유 약간

1 원추리는 밑동이 하얗고 통통한 것을 골라 밑동
을 약간 잘라 내고 씻는다. 2 끓는 물에 소금을 약
간 넣고 살짝 데쳐 찬물에 헹구어 물기를 꼭 짠다.
3 고추와 양파는 채 썬다. 4 양념 재료를 골고루
섞어 둔다. 5 팬에 식용유를 두르고 양파를 볶은
다음 고추와 양념을 넣고 볶다가 마지막에 원추리
잎을 넣고 살짝 볶는다.

맛있는 Tip 원추리는 이른 봄 산기슭과 들에서
채취할 수 있다. 질감이 부드럽고 담백하여 예부
터 즐겨 온 나물이다. 여름에 피는 꽃도 식용한다.
연초록빛을 띠며 잎이 연한 것이 새순이다.

원추리새우국

[재료] 원추리 100g, 쇠고기 50g, 참기름 1큰술, 소금 약
간 [육수] 마른 다시마 사방 5cm 크기 1장, 마른 새우
20g, 물 5컵, 무 · 양파 50g씩, 마늘 2톨, 표고버섯 1개,
대파 1/2뿌리

1 냄비에 다시마와 물을 넣고 끓이는데, 물이 끓
어오르면 다시마는 건져 내고 새우를 넣고 끓여
육수를 만든다. 2 원추리는 깨끗이 씻고, 쇠고기
는 핏물을 제거하고 결 반대 방향으로 썬다. 3 냄
비에 참기름을 두르고 쇠고기를 넣고 볶다가 육수
를 붓고 더 끓인다. 4 ③의 육수가 맛이 들면 원추
리를 넣고 잠깐 끓여 소금으로 간을 맞춘다.

원추리고추장무침

[재료] 원추리 300g [고추장 양념] 고추장 1큰술, 설탕 1/2작은술, 다진 마늘 1/2큰술, 다진 파 · 들기름 · 통깨 · 매실청 1큰술씩, 소금 약간

1 원추리는 손질하여 끓는 소금물에 데친 뒤 찬물에 헹구어 물기를 꼭 짠다. 2 분량의 재료를 넣고 양념장을 만든다. 3 데친 원추리에 양념장을 넣어 조물조물 무친다.

참나물

참나물은 향기와 질감, 맛이 매우 좋아 나물 중의 나물로 알려져 '참나물'이라고 부른다고 알려져 있다. 미나리처럼 윤이 나고 샐러리와 비슷한 향취가 나는데 일부 지방에서는 산미나리로 부르기도 한다. 일본에서는 오래 전부터 재배해 왔는데 잎이 세 장이라 해서 '삼엽채'라 부른다. 우리나라에서도 비닐하우스에서 재배한 것이 일 년 내내 상품으로 나오는데, 향과 맛이며 질감이 자연산에는 미치지 못한다. 미나리과에 속하는 여러해살이풀로, 그늘진 산속이나 습기가 많은 비탈, 축축한 계곡 주변에서 자란다. 다 자라면 키가 50~80cm쯤 되고, 6~8월에 흰꽃이 핀다.

봄철에 연한 잎과 줄기를 꺾어서 고기와 함께 날것으로 쌈을 싸 먹으면 향취와 씹히는 맛이 일품이다. 생채나 샐러드, 김치를 담가 먹기도 하고, 살짝 데쳐 나물로 먹어도 향기롭다.

북한에서 펴낸 《동의학사전》을 보면 여름에 전초를 뜯어 그늘에서 말린 것으로 약리실험을 해 본 결과 항알레르기 작용이 밝혀졌다고 한다.

예부터 고혈압과 중풍에 좋은 나물로 알려져 왔으며, 참나물의 뿌리는 복부가 차서 생기는 동통과 설사에 효력이 있는 것으로 전해진다.

참나물을 채취할 때는 잎만 뜯지 않고 땅 위에 바짝 붙은 줄기를 다 꺾는다. 밖의 겉가지 위주로 뜯어 먹으면 봄부터 가을까지 중심부에서 계속 올라오는 새순을 오래도록 즐길 수 있다.

숲속 반그늘에서 자라는 참나물. 가녀린 흰 꽃이 핀다.

참나물두부무침

[재료] 참나물 200g, 두부 1/2모, 홍고추 1/2개 [양념] 다진 마늘 1/2큰술,
다진 파·들기름 1큰술씩, 검은깨 약간, 소금 1큰술

1 참나물을 손질하여 옅은 소금물에 데친 뒤 찬물에 헹궈 물기를 꼭 짜서 먹기 좋은 크기로 자른다. 2 두부는 마른 행주로 싸서 물기를 뺀 뒤 도마에 올려 칼등으로 으깨어 다시 마른 행주로 싸서 물기를 꼭 짠 뒤 보슬보슬하게 한다. 3 고추는 씨를 빼고 송송 썬다. 4 양념 재료를 골고루 섞어 양념장을 만든다. 5 데친 참나물에 ②, ③, ④를 넣고 조물조물 무친다.

맛있는 Tip 나물에 두부를 넣으면 영양도 보충되고 소화도 잘된다. 두부를 꼭 짜서 넣어야 질척해지지 않는다.

참나물무침

[재료] 참나물 300g, 홍고추 1개, 굵은 소금 1큰술 [양념]
국간장 · 깨소금 · 다진 파 · 참기름 · 깨소금 1큰술씩,
다진 마늘 · 통깨 1/2큰술, 고운소금 약간

1 손질한 참나물을 끓는 물에 굵은 소금을 줄기부
터 넣어 살짝 삶아 재빨리 건져 찬물에 헹군 뒤 물
기를 꼭 짜서 먹기 좋게 썬다. 2 홍고추는 3cm 길
이로 채 썬다. 3 무침 그릇에 양념 재료를 넣고 골
고루 섞는다. 4 ③에 참나물과 고추를 가볍게 무
친다. 간이 부족하면 고운 소금으로 간을 맞춘다.

참나물된장무침

[재료] 참나물 300g [된장 잣양념] 된장 · 참기름 · 깨소
금 · 다진 파 1큰술씩, 고추장 · 통깨 · 다진 마늘 · 잣가
루 1/2큰술씩

1 손질한 참나물을 끓는 물에 굵은 소금을 줄기부
터 넣어 살짝 삶아 재빨리 건져 찬물에 헹군 뒤 물
기를 꼭 짜서 먹기 좋게 썬다. 2 양념 재료 중 참기
름과 통깨를 제외한 재료를 잘 섞어 된장 양념을
만든다. 3 데친 참나물에 된장 양념을 넣어 조물
조물 무친 뒤 참기름과 통깨를 넣고 가볍게 버무
린다.

참나물겉절이

[재료] 참나물 100g, 해초 50g, 홍피망 1개 [양념장] 고춧가루 2큰술, 까나리액젓 · 다진 파 · 깨소금 · 참기름 1큰술씩, 통깨 · 다진 마늘 1/2큰술씩, 설탕 1작은술

1 참나물은 부드러운 부분만 손질하여 깨끗이 씻어 물기를 뺀다. 2 해초는 물에 담가 놓았다가 헹구어 바구니에 건져 놓고, 피망은 얇게 썬다. 3 양념장 재료를 골고루 섞어 양념을 만든다. 4 무침 그릇에 준비된 재료를 넣고 양념장을 끼얹어 가며 가볍게 섞어 준다.

제비꽃

이른 봄 추위가 가시기 전 땅에서 앙증맞게 솟아나 보랏빛 꽃을 피워 눈을 기쁘게 하는 제비꽃. 가장 일찍 봄소식을 전해 주는 여러해살이풀로, 3~5월에 꽃을 피운다. 남쪽에서 제비가 올 때쯤 꽃이 피고, 모양 또한 제비와 비슷하기 때문에 '제비꽃'이라는 이름이 붙었다. 꽃으로 반지를 만들 수 있어서 '반지꽃'으로 부르기도 한다. 흰제비꽃·졸방제비꽃·콩제비꽃·남산제비꽃 등 우리나라에 자생하는 제비꽃 종류는 대략 40여 종에 달하는데 봄나물로 맛있게 먹을 수 있는 종류가 많다. 어린잎을 나물로 먹고 뿌리는 약재로 쓴다. 살짝 데쳐 잠깐 우려낸 뒤 우리 식성에 맞는 갖은 양념으로 무치면 모두 즐겨 먹을 수 있다. 잎, 꽃, 뿌리 모두 튀김이나 샐러드로 요리해도 좋으며, 녹즙을 내어 마셔도 맛이 훌륭하다. 떡이나 빵에 꽃잎으로 수를 놓아 모양을 내기도 하고, 녹차에 서너 송이의 꽃잎을 띄워 즐기기도 한다.

미국에서 나온 연구 자료에 의하면 제비꽃 잎에는 오렌지의 4배나 되는 비타민 C가 함유되어 있다고 한다. 비타민C는 심장병이나 암을 방지하는 데 좋은 효과가 있는데, 제비꽃에 항암 작용이 있다는 선조들의 기록에 믿음이 간다.

제비꽃은 설사, 오줌이 잘 나오지 않는 증세, 림프선염·황달·간염 등에 약초로 쓰인다. 여름에 제비꽃 전초를 채취해 말리거나 생잎 그대로를 적당량 달여 마시도록 한다. 일반적으로 말린 것은 하루에 9~15g씩, 신선한 생잎은 30~60g씩 하루 세 번 달여 마시면 되는 것으로 알려져 있다.

제비꽃은 약, 음식, 차의 재료로 쓰인다. 한두 포기만 옮겨 심어도 번식력이 좋아 금세 군락을 이룬다.

제비꽃샐러드

[재료] 제비꽃 · 잎 150g, 금귤 5개 **[샐러드 소스]** 토마토 1 개, 레몬즙 1/4컵, 물 1/4컵, 다진 마늘 1작은술, 소금 약간

1 제비꽃은 흐르는 물에 가볍게 흔들어 씻어 체에 밭쳐 물기를 없애고 시원한 곳에 보관한다. 2 금귤을 반달 모양으로 썬다. 3 믹서에 토마토 1개를 숭숭 썰어 담고, 마늘과 소금 약간, 물 1/4컵을 넣어 곱게 간다. 4 ③에 레몬즙 1/4컵을 짜 넣어 샐러드 소스를 만든다. 5 접시에 제비꽃과 준비된 재료를 색을 맞추어 담고 소스를 곁들인다.

둥글레

쇠사슬에 매달린 종과 같다는 뜻에서 '영당채'라고도 하는 둥굴레. 휘어진 줄기 밑에서부터 꽃이 피기 시작하여 끝으로 가면서 하나씩 피어나는 모양이 마치 매미가 붙은 것 같다 해서 '충선', 황정처럼 몸에 좋고 영지처럼 귀하다는 이유에서 '황지(黃芝)'라고도 한다. 대나무 순처럼 올라오는 새순을 임금들이 즐겨 먹는다고 해서 '옥죽(玉竹)'이라는 이름이 붙었다.

전해 오는 말에 의하면 옥죽을 일 년만 먹으면 귀신을 볼 수 있고 신선이 되어 승천한다 하여 도가의 선인들과 불가의 스님들이 즐겼다 한다. 원효대사 역시 아홉 번 찌고 아홉 번 말린 옥죽을 먹었다고 한다.

원산지가 우리나라인 여러해살이풀인 둥굴레는 맥도둥굴레 · 애기둥굴레 · 좀둥굴레 · 제주둥굴레 등 여러 종류가 있으며, 전국의 양지바른 곳, 산과 들의 반그늘 지역에서 잘 자란다. 뿌리가 땅속에서 옆으로 뻗어나가는데, 번식력이 좋아 군락을 이루는 곳이 많다. 연한 잎과 뿌리를 식용, 약용한다.

둥굴레 뿌리는 땅속 깊이 박히지 않고 얕게 옆으로 구불구불 뻗는 특징이 있다. 그래서 겉의 흙을 살살 헤집으면 크게 힘들이지 않고 몇 끼 정도 먹을 양은 거뜬히 캘 수 있다. 구황 식량이기도 하여 씹으면 약간 질긴 듯하면서도 단맛이 나며, 점액질이 있어 간식으로도 먹을 만하다.

둥굴레의 어린 싹과 잎, 꽃은 데쳐서 나물로 먹기도 하고, 조림이나 튀김, 볶음으로도 이용하기도 한다. 생뿌리는 녹즙으로 먹을 수 있고, 삶아 먹거나 전분을 만드는 데 이용하기도 한다. 뿌리를 밥에 넣어 함께 찌거나 구워 먹으면 구수하고 들큰하며 감칠맛이 난다. 고추장이나 된장에 박아 장아찌를 담기도 한다. 구수한 맛이 있어 뿌리를 덖어 말렸다가 차로도 끓여 먹는다.

《신농농본초경(神農本草經)》에는 "몸을 가벼워지게 하여 노쇠하지 않게 한다."고 했으

둥글레 새순

둥글레 꽃. 아래부터 꽃이 피어난다.

며, 《본초강목》에는 "모든 허약 상태에 좋다."고 했다.

둥글레에 들어 있는 사포닌은 중추 신경을 진정시켜 주는 효과가 있어 예부터 인삼 대용으로 사용했을 만큼 약효가 좋다. 초조하거나 메스꺼울 때, 스트레스로 인해 생긴 증상 등에 효과가 있다. 예부터 노화를 방지하고 체력을 증강시켜 주며 자양 강장을 돕는 데 이용되어 왔으며, 노인 건강에도 매우 효과적이다. 둥글레는 또한 부신 피질 호르몬 역할을 하여 신경통이나 관절염에 좋고, 인슐린을 조절하여 당뇨를 개선해 주기도 한다. 하지만 심장 박동을 증가시키고 혈압을 상승시키므로 맥박이 빠르거나 혈압이 높은 사람은 사용하지 말아야 한다. 타박상이나 요통에는 뿌리를 가루 내어 식초에 갠 것을 가제나 천에 고루 펴 발라 환부에 붙이면 된다.

둥글레는 또한 피부를 아름답게 하는 묘약으로, 기미와 주근깨는 물론 노인의 검버섯을 없애 준다. 손발이 차고 저리거나 근육 경련 또는 수면 중에 눈꺼풀이 떨리는 증세가 나타날 때, 열병으로 폐와 위장이 건조하고 열이 날 때 사용해도 효과가 있다.

둥글레호두무침

[재료] 둥글레 300g, 호두 30g [양념] 국간장 · 깨소금 · 다진 파 · 참기름 · 깨소금 1큰술씩, 다진 마늘 · 통깨 1/2 큰술, 소금 약간

1 둥글레의 어린잎을 끓는 소금물에 살짝 데쳐 찬물에 헹구어 물기를 꼭 짠다. 2 호두는 껍질을 벗겨 굵게 다진다. 3 무침 그릇에 분량의 양념 재료를 넣어 잘 섞어 양념장을 만든다. 4 ③에 ①과 ②를 넣어 조물조물 무친다.

둥글레샐러드

[재료] 둥글레 150g, 햄 30g, 금귤 5개, 구운 마늘 2개 **[프렌치드레싱]** 올리브오일 100cc, 식초 3큰술, 양파즙 2큰술, 양겨자 1작은술, 소금 · 후추 약간

1 잎이 연한 둥글레를 골라 한 잎씩 떼어 흐르는 물에 씻은 뒤 물기를 없애고 냉장고에 보관한다. **2** 햄은 2~4cm 크기로 썰어 팬에 살짝 볶아 식히고, 금귤은 동그랗게 썬다. **3** 마늘은 편으로 썰어서 팬에 볶는다. **4** 분량의 재료로 프렌치드레싱을 만들어 준비된 재료를 담고 먹기 직전 끼얹어 준다.

둥글레고추장무침

[재료] 둥글레 300g **[양념]** 고추장 2큰술, 굴소스 1/2큰술, 깨소금 · 참기름 · 다진 파 1큰술씩, 다진 마늘 · 설탕 1/2큰술씩

1 둥글레는 손질하여 끓는 물에 소금을 넣고 데친 뒤 찬물에 헹구어 물기를 꼭 짠다. **2** 무침 그릇에 양념 재료를 모두 넣고 골고루 섞는다. **3** ②의 양념장에 ①의 둥글레를 넣고 조물조물 무친다.

둥글레채소볶음

[재료] 둥글레 300g, 홍피망 · 양파 1/2개씩, 참기름 · 깨소금 · 다진 파 1큰술씩, 소금 약간

1 둥글레는 다듬어 씻어서 끓는 소금물에 데쳐 찬물에 헹귀 물기를 꼭 짠다. **2** 피망과 양파는 채 썬다. **3** 달군 팬에 참기름을 두르고 ②를 넣고 볶은 다음 삶은 둥글레와 파를 넣고 볶아 소금 간을 하고 깨소금을 뿌려 섞어 준다.

비비추

백합목 백합과의 여러해살이풀로, 그늘진 산속 냇가에서 흔히 볼 수 있다. 연한 자줏빛의 꽃이 7~8월에 피어나는데, 소복하게 자라는 푸른 잎도 예뻐서 정원 한쪽에 심는 관상용으로 인기가 높다. 우리나라에는 산옥잠화 · 참비비추 · 일월비비추 등 비비추속에 속하는 종류가 9종 정도로 알려져 있는데 옥잠화와 비비추를 굳이 구분하려 들지는 않는 것 같다.

민간에서는 비비추 잎을 즙을 내어 상처 치료에 사용해 왔다는 기록이 전해지지만 비비추는 약용보다는 관상과 식용으로 더 많이 쓰인다.

화초로만 인식되는 비비추지만 봄에 새순이 한 뼘쯤 자랐을 때 베어서 나물로 활용한다. 잎이 넓어 쌈으로 먹으면 편한데, 미끌미끌한 질감이 독특한 느낌을 준다. 샐러드로 즐기기도 하며, 된장국거리로 쓰기도 한다. 비비추의 순을 살짝 데쳐 된장국에 넣어 끓이면 시금치보다 더 부드러운 질감을 맛볼 수 있다.

초여름만 되어도 금방 성숙해서 잎이 질겨지며 독성이 약간 생기므로 순이 연한 봄에만 채취해서 식용한다.

소복히 자라는 잎이 탐스러운 비비추

비비추채소말이

[재료] 비비추 100g, 청 · 홍피망 1개씩, 무 50g, 비트
30g [초고추장] 고추장 2큰술, 식초 · 통깨 · 설탕 · 다
진 파1큰술씩, 다진 마늘 1/2큰술, 소금 약간

1 비비추는 다듬어 씻어 끓는 소금물에 데쳐 찬물에
헹궈 물기를 거둔다. 2 피망 · 무 · 비트는 5×0.5cm
길이로 채 썬다. 3 ①의 비비추를 깔고 ②의 야채를 올
린 다음 돌돌 만다. 4 초고추장을 만들어 곁들인다.

찔레

'한국의 토종 장미'라는 별명을 가진 찔레는 전국 산기슭의 양지바른 곳에 흔히 자라는 가시 많은 덩굴나무다. 초여름으로 들어서는 5~6월에 눈부시게 하얀 꽃이 진한 향기를 풍기며 피어난다.

예전에는 연한 찔레 순을 껍질을 벗겨 먹었다. 떨떠름하면서도 달콤 향긋한 맛이 나는데, 먹을 것이 귀하던 시절에 좋은 군것질거리였다. 산골이나 사찰에서는 어린 찔레 순의 껍질을 벗겨 간장·고춧가루·깨·참기름으로 양념장을 만들어 살살 무쳐 먹었다. 봄에 막 올라오는 찔레순으로 만든 겉절이는 채소와는 또다른 질감이 입맛을 사로잡는다.

찔레순에는 식물 성장 호르몬이 풍부하여 흑설탕이나 꿀에 재워 두고 먹으면 어린이의 성장 발육과 혈액 순환을 돕고 변비나 수종, 어혈도 풀어 준다. 찔레는 흰 꽃이 지고 나면 붉고 큰 열매가 열리는데, 한방과 민간에서는 꽃과 열매를 약용으로 썼다. 찔레나무 열매인 영실(營實)은 복막염에 효과가 좋아 약재로 썼다. 찔레나무 뿌리와 장미나무 뿌리는 둘 다 곪는 상처를 낫게 하는 데 특효다. 특히 찔레나무 뿌리는 발가락이 썩어 들어가는 버거씨병과 관절염, 산후풍 등에 좋은 약이 된다.

찔레꽃을 꿀이나 설탕에 재워 한 달 정도 두었다가 끓는 물을 부어 마시는 찔레꽃차도 일품이다. 차를 마시는 여유로움과 건강을 동시에 만족할 수 있다. 찔레주 역시 그 맛과 향이 입과 코끝을 자극한다. 깨끗이 손질한 꽃과 열매 200~300g에 소주 1*l* 와 얼음 설탕 5~10g을 넣어 6개월 이상 숙성하여 마시면 된다.

향긋한 찔레순도 좋지만 흰꽃을 설탕에 재웠다가 마시는 찔레꽃차도 일품이다.

찔레순겉절이

[재료] 찔레순 200g, 양파 1/3개 **[양념장]** 고춧가루 · 간장 2큰술씩, 다진 파 · 통깨 · 참기름 · 물 1큰술씩, 다진 마늘 1/2큰술, 설탕 · 간장 1작은술, 소금약간

1 찔레순은 줄기를 꺾어 겉껍질을 벗겨 내어 손질하여 깨끗이 씻은 뒤 물기를 제거한다. 2 양파는 채 썬다. 3 무침 그릇에 양념 재료를 모두 넣고 골고루 섞어서 양념장을 만든다. 4 ③에 찔레순과 양파를 넣어 양념장으로 가볍게 섞듯이 버무린다.

고들빼기

우리나라는 세계 제일의 고들빼기 소비국으로, 남도 지방에서는 고들빼기김치를 상비해 두고 찬으로 먹었다. 《조선무쌍신식요리제법》에서는 "쓴 것이 입에는 쓰나 비위에 역한 법은 없다. 사람이 오미(五味) 중에 쓴 것을 덜 먹으나 속에는 대단히 좋으므로 약재로 쓰면 유익하다."고 했다.

고들빼기는 인가 근처, 야산 기슭, 들판, 밭 근처에서 자란다. 요즘은 워낙 소비량이 많아 텃밭이나 비닐하우스에서 대량으로 재배하기도 한다. 야생의 것은 잎이 보라색을 띠고 뿌리가 긴 반면, 하우스에서 재배한 것은 잎이 초록색이고 뿌리가 짧다. 7~8월에 줄기와 가지 끝에 노란 꽃이 모여 피는데, 이 씨앗으로 번식된다.

흥분했을 때 쓴 음식을 먹으면 심장의 흥분이 가라앉고 열이 내리는 효과가 있다. 그래서 요즘에는 고기를 먹을 때 고들빼기의 이 잎을 다른 채소와 함께 쌈으로도 이용하는데, 쓴맛이 소화에도 도움이 된다. 쓴나물, 씬나물이라고도 하는데, 한의학에서는 약사초(藥師草)라고 부른다. 맛은 차고(冷) 쓰며(苦), 해열 및 건위 작용을 하며, 편도선염·인후두염·유선염·종기·부스럼 등을 낮게 하는 것으로 알려져 있다. 어린 싹은 건위 및 소화 작용을 촉진한다.

로마의 박물학자 프리니우스(Plinius, 23~79)도 《박물지》에서 '고들빼기는 씹어서 입 냄새를 없애고 소변 속의 결석을 녹이며, 부인들의 분만을 돕고 젖이 많이 나게 하는 민간 약재'라 하여 높이 평가했다.

쓰지만 신진대사의 활성을 돕는 고들빼기

고들빼기튀김

[재료] 고들빼기 100g, 밀가루 약간, 식용유 적당량 **[튀김옷]** 밀가루 · 녹말1/2컵씩, 소금 약간

1 고들빼기를 깨끗이 다듬어 흐르는 물에 가볍게 흔들어 씻어 찬물에 30분 정도 담가 두어 쓴맛을 우려낸다. **2** 고들빼기를 소쿠리에 담아 물기를 거둔다. **3** 얼음물에 녹말과 밀가루, 소금을 넣고 나무젓가락으로 가볍게 휘저어 튀김옷을 만든다. **4** 고들빼기에 밀가루를 가볍게 묻힌 뒤 다시 튀김옷을 입혀 바삭하게 튀겨낸다.

맛있는 Tip 튀김 재료와 기름의 온도 차가 클수록 튀김이 바삭바삭해진다. 튀김 재료는 기름에 넣기 직전까지 냉장고에 넣어 차게 해 둔다. 얼음물을 쓰는 것도 같은 이유에서다. 튀김에 곁들이는 양념장은 무즙과 간장 각 2큰술에 물 8큰술과 청주를 섞은 뒤 송송 썬 실파를 넣고 레몬즙을 한 방울 떨어뜨려 삼삼하게 만든다. 물 대신 다시마 육수를 쓰면 더욱 맛있다.

고들빼기전

[재료] 고들빼기 150g, 풋고추 · 홍고추 각 1개씩, 달걀 2개, 소금 · 밀가루 · 식용유 적당량씩 **[초간장]** 식초 · 진간장 2큰술씩, 잣가루 1큰술

1 고들빼기를 깨끗이 다듬어 흐르는 물에 가볍게 흔들어 씻어 찬물에 충분히 정도 담가 쓴맛을 우려낸다. **2** 고들빼기를 소쿠리에 담아 물기를 뺀 뒤 2~3등분한다. **3** 고추는 송송 썰어서 물에 담가 씨를 빼고 매운맛을 줄인다. **4** 반죽할 그릇에 달걀을 깨뜨려 넣고 젓가락을 한쪽 방향으로 저어 멍울을 푼 뒤 소금으로 간한다. **5** 넓은 접시에 밀가루를 펼쳐 담고 ②의 고들빼기를 앞뒤로 묻힌다. **6** 남은 밀가루를 톡톡 털어낸 뒤 한 젓가락씩 집어 ④의 달걀옷을 입힌다. **7** 달군 팬에 기름을 두르고 ⑥을 얹은 뒤 고추를 색 맞추어 얹는다. 앞뒤로 노릇하게 지진다. **8** 새콤한 초간장을 만들어 뜨거울 때 낸다.

맛있는 Tip 부침 반죽은 다소 걸쭉한 상태라야 전을 부쳤을 쫀득한 맛이 난다.

개망초

개망초는 북아메리카에서 들어온 귀화 식물로, 번식력이 강해서 풀밭이나 길가를 가리지 않고 어디서나 잘 자란다. 두해살이풀로서 어린 묘의 상태로 겨울을 나고, 이듬해 초여름에 꽃핀 다음에 말라죽어 버리면 씨앗이 떨어져 또 새싹이 자란다. 겨울을 나는 묘의 잎은 6cm 정도의 길이로 과꽃 잎과 비슷하며, 잎이 둥글게 퍼지면서 방석 모양으로 땅을 덮는다. 동일한 개망초임에도 불구하고 잎 모양새가 조금씩 달리 보이는 것들이 있다. 초여름이면 가지 끝에 지름이 2cm 정도 되는 흰 꽃이 여러 송이 피어나는데, 꽃잎은 흰색이고 중심부는 노란빛이어서 '계란꽃'이라는 별명을 얻었다.

개망초는 봄부터 초겨울까지, 새로 나는 순이면 언제나 먹을 수 있다. 이른 봄 얕게 퍼져 자라는 어린잎을 데쳐 갖은 양념을 넣어 나물로 무쳐 먹고 고깃국에 넣어 먹는다. 은은한 향기가 도는 것이 웬만한 재배 채소보다 향기로우며, 튀김을 해도 맛있다. 생식도 가능하며, 생즙을 내어 마시기도 한다. 일부 산간 지역에서는 '배추나물'로 부르며 연한 순을 뜯어 삶아 말렸다가 겨울에 묵나물로 요긴하게 먹기도 한다.

이 식물의 약효에 대한 연구는 별로 진행되지 않았기에 효능을 정확하게 헤아릴 수가 없지만 상처나 지혈에 소용되는 것으로 알려지고 있다. 그러나 농약에 오염된 열악한 재배 채소에 비해 식용 효과가 월등하다. 야생초이므로 엽록소가 풍부하여 인체 활성에 기능을 발휘한다.

방석 모양으로 퍼져 자라는 어린순을 뜯어 나물로 먹는다. 흔한 것 치고는 향미가 좋다.

개망초된장국

[재료] 개망초 300g, 애호박 30g, 양파 20g, 다진 마늘 · 된장 1 큰술씩, 소금 약간, 육수 또는 쌀뜨물 5컵 [육수] 마른 다시마(10cm) 1장, 마른 새우 30g, 물 6컵, 무 · 양파 50g씩, 마늘 2톨, 표고버섯 1개, 대파 1/2뿌리

1 개망초를 손질하여 깨끗이 씻어 물기를 제거한다. 2 찬물에 새우를 뺀 육수 재료를 모두 넣고 끓어오르면 다시마를 건져낸 뒤 마른새우를 넣고 약한 불에서 은근하게 끓인다. 3 애호박은 반달썰기하고, 양파는 깍둑썬다. 4 육수에 양파 · 마늘 · 된장을 넣고 끓이다가 애호박과 개망초를 넣고 끓인 뒤 소금으로 마무리 간한다.

맛있는 Tip 쌀뜨물로 찌개를 끓이면 채소의 풋내가 가시고 쌀겨에 섞인 효소의 작용으로 국물 맛이 부드러워지며 쌀에서 녹아 나온 영양도 섭취할 수 있어 좋다. 쌀을 씻을 때 처음 두 번은 살짝 씻어 내고 세 번째는 쌀을 박박 문질러 뽀얀 쌀뜨물을 받아 낸다.

개망초삼색무침

[재료] 개망초 300g, 홍고추 1개, 실파 20g [간장 양념] 국간장 · 참기름 · 깨소금 · 다진 파 1큰술씩, 다진 마늘 · 통깨 1/2큰술씩, 소금 약간

1 개망초는 다듬어 씻어 끓는 물에 소금을 넣어 데친 다음 찬물에 헹궈 물기를 제거한다. 2 홍고추는 씨를 털어낸 뒤 채 썰고, 실파는 송송 썬다. 3 무침 그릇에 양념 재료를 모두 넣고 골고루 섞어 양념장을 만든다. 4 ③에 ①과 ②를 넣고 조물조물 무친다.

※ 양념을 달리한 나물 : ①~③까지 과정은 같으며 양념을 어떻게 하느냐에 따라 맛이 달라진다.

[된장 양념] 된장 2큰술, 참기름 · 깨소금 · 다진 파 1큰술씩, 고추장 · 다진 마늘 · 통깨 1/2큰술씩
[초고추장 양념] 고추장 2큰술, 식초 · 통깨 · 설탕 · 다진 파 1큰술씩, 다진 마늘 1/2큰술, 소금 약간

개망초바지락된장국

[재료] 개망초 300g, 바지락 200g, 대파(중간 굵기) 1뿌리, 다진 마늘 1큰술, 된장 3큰술, 물(쌀뜨물) 7컵, 소금 약간

1 개망초를 손질하여 깨끗이 씻어 물기를 제거한다. 2 바지락은 해감한 뒤 따각따각 소리가 나도록 잘 비벼 씻는다. 3 대파는 어슷 썰어 놓는다. 4 냄비에 쌀뜨물을 담고 된장을 풀어 팔팔 끓어오르면 ①과 ②를 넣는다. 5 조개의 입이 벌어지면 파와 마늘을 넣고 한소끔 더 끓인 뒤 불에서 내린다.

개망초해물볶음밥

[재료] 개망초 200g, 밥 1공기, 양파 30g, 새우 10마리, 오징어 1/2마리, 굴소스 2큰술, 다진 마늘 · 버터 10g씩, 소금 약간

1 개망초를 손질하여 깨끗이 씻는다. **2** 양파는 굵게 채 썰고, 새우는 껍질을 벗기고, 오징어는 손질하여 칼집을 낸 뒤 5cm 길이로 썬다. **3** 팬에 버터를 두르고, 양파와 마늘을 볶다가 새우와 오징어를 넣고 한 번 더 볶는다. **4** ③에 밥과 굴소스를 넣고 개망초를 넣어 볶는다.

소리쟁이

뿌리줄기를 가지고 있는 여러해살이풀로서 보랏빛을 띤 굵은 줄기가 곧게 다 자라면 60cm 안팎이 된다. 어린잎이 자라 나올 무렵에는 키가 작고 나지막해 보인다. 강원도 영서 지방에서는 '솔거지'라는 이름으로 불리는데, 습기 있는 논밭이나 개울 근처 풀밭에서 흔히 볼 수 있다.

3~4월에 막 솟아나온 어린순을 칼로 밑둥을 도려내어 삶아서 나물로 먹는다. 소리쟁이의 어린잎은 약간의 신맛을 품고 있으며, 모양이나 맛이 시금치와 비슷하다. 주로 된장국 재료로 이용한다.

유럽의 농촌에서는 비타민C의 결핍으로 발생하는 괴혈병을 피하기 위해 소리쟁이의 싱싱한 잎을 채소로 삼았다고 전해진다.

땅 속 깊이 박고 있는 소리쟁이의 굵은 뿌리 줄기는 약용한다. 가을에 뿌리를 캐서 말렸다가 잘게 썰어 달여 마시면 변비에 효과가 있는데, 너무 짙게 많은 양을 복용하면 설사가 나므로 주의해야 한다. 뿌리는 건위제로서 소화 불량에 효과가 있으며, 습진·옴·백선·가려움증에 생뿌리즙이나 뿌리를 빻은 가루를 식초에 개어서 외용약으로 사용했다는 기록이 전해진다.

습기 있는 개울가에서 특히 잘 자라는 야생초이다. 이른 봄 어린순을 식용한다.

소리쟁이된장국

[재료] 소리쟁이 200g, 마른 다시마(사방 5cm) 1장, 마른 새우 30g, 대파 1뿌리, 된장 3큰술, 국간장 · 다진 마늘 · 다진 파 1큰술씩, 쌀뜨물 5컵, 청양고추 1개, 소금 약간

1 소리쟁이 새순을 손질하여 씻어서 소쿠리에 건져 물기를 뺀다. **2** 쌀뜨물에 다시마, 마른 새우, 대파를 넣어 끓어오르면 다시마는 건진다. **3** 국물 맛이 우러나도록 푹 끓인 뒤 새우와 대파를 건져 내고 된장을 체에 걸러 푼다. **4** 된장 맛이 국물과 어우러져 구수한 냄새가 나면 소리쟁이와 마늘을 넣고 푹 끓인 뒤 파를 넣고 부족한 간을 소금으로 맞춘다.

소리쟁이새우샐러드

[재료] 소리쟁이 100g, 양상추 50g, 새우 30g, 청 · 홍피망 1/3개씩 [사우전아일랜드드레싱] 양파 · 다진 피클 1큰술씩, 설탕 1작은술, 소금 · 후추 적당량

1 소리쟁이 어린잎을 깨끗이 손질하여 물에 씻어 물기를 뺀다. **2** 새우는 끓는 물에 데치고, 청 · 홍피망은 채 썬다. **3** 호두는 껍질을 벗겨 2등분한다. **4** 모든 재료를 섞어 사우전아일랜드드레싱을 만든다. **5** ①, ②, ③을 접시에 담고 드레싱을 곁들인다.

맛있는 Tip 샐러드는 같은 재료라도 드레싱이 달라지면 색다른 맛으로 변한다. 해물에 어울리는 소스는 토마토소스, 칵테일소스, 토마토우스터소스 등이다.

소리쟁이겉절이

[재료] 소리쟁이 300g, 홍고추 1개, 양파 1/2개, 통깨 1큰술 [양념] 고춧가루 2큰술, 까나리액젓 · 다진 파 · 통깨. 1큰술씩, 다진 마늘 1/2큰술, 참기름 · 설탕 1작은술씩, 소금

1 소리쟁이는 다듬어 깨끗이 씻어 물기를 제거한다. **2** 홍고추는 어슷 썰고, 양파는 채 썬다. **3** 무침 그릇에 양념 재료를 담아 골고루 섞어 양념을 만든 뒤 ①과 ②를 넣고 버무린다.

맛있는 Tip 겉절이는 무쳐서 바로 먹어야 아삭아삭한 채소의 조직감을 느낄 수 있다. 양념장을 미리 만들어 두었다가 먹기 직전에 무친다.

가락지나물

아이들이 이 꽃으로 가락지를 만들어 놀았다고 하여 가락지나물이라는 낭만적인 이름이 붙은 이 야생초는 '쇠스랑개비'로도 불린다. 우리나라 전국의 습기 있는 들판, 특히 논두렁 근처에서 흔하게 볼 수 있다. 높이는 20~60cm로 하반부가 비스듬히 누워 옆으로 퍼지면서 자란다. 나물에 익숙하지 않은 사람은 흔히 뱀딸기로 착각하는 경우도 있는데, 길게 생긴 잎이 다섯 장이며, 옆으로 퍼져 나가는 줄기는 붉은 빛이 감돌고 도톰하다. 클로버가 자라는 곳에 같이 자라는 경우가 많은 것으로 보아 생태 환경이 비슷한 것으로 여겨진다.

꽃이 피기 전 4월에 연한 순을 채취하여 삶아서 나물로 먹으면 질감이 약간 질깃하면서 은은한 향취와 고소한 맛이 난다. 시골 인가 주변에서 비교적 쉽게 찾아 먹을 수 있는 나물이다.

5~7월에 노란색 꽃이 피면 전초를 사함초(蛇含草)라 하여 햇볕에 말리거나 신선한 것 그대로 약재로 써 왔다. 발열·경기·인후염 등에 약용해 왔으며, 종기·습진 등에는 외용해 왔다. 또 날것을 짓찧어 상처가 난 곳이나 뱀·벌레 물린 자리에 붙이면 효과가 있는 것으로 알려져 있다.

질깃하면서도 고소한 맛이 나는 봄나물이다. 땅에 가까이 퍼지며 자란다.

가락지나물견과류무침

[**재료**] 가락지 300g, 호두 20g, 홍고추 1개, 양파 30g [**양념**] 새우젓 1.5큰술, 다진 파 · 깨소금 · 참기름 1큰술씩, 다진 마늘 1/2큰술, 검은깨 1작은술

1 가락지나물을 손질하여 깨끗이 씻은 뒤 끓는 물에 소금을 넣고 살짝 데친 다음 찬물에 헹구어 물기를 꼭 짠다. 2 호두는 미지근한 물에 담가 이쑤시개로 속껍질을 벗긴 뒤 굵게 다진다. 3 홍고추는 어슷 썰고, 양파는 채 썬다. 4 무침 그릇에 양념 재료를 모두 넣고 골고루 섞는다. 5 ④에 ①, ②, ③을 넣고 조물조물 가볍게 버무린 뒤 검은깨를 뿌린다.

맛있는 **TIP** 요리 중에 간을 세 번 이상 하게 되면 혀의 감각이 둔해져 맛을 보아도 효과가 없다. 처음부터 세게 간을 하기보다는 약하게 간을 하여 다시 확인하는 정도로 끝내는 것이 좋다.

꿀풀

꿀방망, 가지나물이라고도 불리는 꿀풀은 우리나라 전역, 산지의 양지바른 풀밭에서 잘 자란다. 여러해살이풀로서 다 자라면 키가 20~30cm 가량 되고, 5~8월에 꽃을 피운다. 꽃이 핀 뒤 꽃이삭은 갈색을 띠다가 검게 말라 죽는다. 한방에서는 '여름이 지나면 마른다' 는 뜻으로 여름 하(夏), 마를 고(枯), 풀 초(草)자를 써서 '하고초(夏枯草)' 라고 부른다고 한다. 실제로 동지에 싹이 트고 5~6월에 꽃이 피어 여름이 되면 말라 버린다. 줄기와 잎, 또는 전초를 약재로 쓰는데, 꽃이 반쯤 마를 때 채취하여 햇볕에 바짝 말렸다가 사용하며, 경우에 따라서는 생풀을 쓰기도 한다.

'꿀방망' 이라는 이름은 꽃부리에 꿀 같은 달콤한 액체가 들어 있어서 불리는 별명이다. 손으로 꽃잎을 뽑으면 샐비어 형태의 꽃이 송이에서 쏙 빠지는데 꽃부리를 입으로 빨아 보면 달콤한 꿀맛이 난다. 간식거리가 흔치 않았던 시절 산길을 걸어 학교를 오가던 아이들의 장난감이자 간식거리 구실을 톡톡히 했다. '가지나물' 이라고도 불리는 이유는 줄기가 보랏빛이고 동그스름한 잎이 가지순과 비슷하기 때문이다. 새순의 잎과 줄기를 뜯어 나물로 먹는다.

초여름에 싱싱한 꽃을 훑어 내어 샐러드에 섞으면 음식의 색이 아름다워진다. 꽃송이를 따서 튀기면 은은한 향기가 난다. 꽃잎이 갈색으로 시들 무렵에 꽃이삭과 줄기, 잎을 한꺼번에 채취하여 무게가 세 배 가량 되는 소주에 설탕이나 꿀을 넣고 담가 2개월 정도 숙성시켜 마시기도 한다.

꿀풀은 검증된 항암 약초로, 임상 실험 결과, 꿀풀 달임액이 암세포를 50~60% 정도 억제하는 것으로 나타났다고 한다. 림프종에 특히 활용 가치가 있으며, 갑성선암 · 유방암 · 간암 등에도 좋으며 독을 풀고 열을 내리며 혈압을 낮추고 위염 · 위궤양 · 당뇨에도 널리 쓰인다고 한다.

예전의 다양한 기록에 의하면 꿀풀은 각종 암 치료 처방에 첨가하는 경우가 자주 있었

잎과 꽃. 뿌리 전초를 채취하여 약으로 쓴다.　　　　　꿀풀의 꽃. 꽃잎을 뽑으면 꿀이 들어 있다.

으며, 민간요법에서도 고혈압 · 결핵 · 전염성간염 · 소화불량 · 편도선염 · 가래기침 등 적용 범위가 넓은 것으로 전해지고 있다. 특히 초기 고혈압으로 인한 갖가지 증상에 꿀풀과 결명자를 반씩 배합하여 복용하면 효과가 있는 것으로 전해진다.

꿀풀의 꽃이삭이 다갈색으로 변할 무렵 꽃과 잎을 함께 채취하여 말려서 수시로 녹차처럼 우려 마시면 한여름 찜통더위를 물리치는 데 효과가 있으며, 신장염이나 방광염으로 몸이 부어 오를 때는 현저한 이뇨 효과를 발휘하는 것으로 알려져 있다.

꿀풀묵무침

[재료] 꿀풀 300g, 도토리묵 1모, 홍고추 1개, 다진 쇠고기 30g(양념 : 다진 마늘 1작은술, 소금 · 후추 약간), 굵은 소금 1큰술 **[양념]** 두반장 · 다진 파 1큰술씩, 다진 마늘 1작은술, 통깨 · 참기름 1/2큰술씩

1 꿀풀은 부드럽고 어린잎을 물에 깨끗이 씻어 소쿠리에 건져 물기를 뺀다. 2 끓는 물에 굵은 소금을 넣고 꿀풀을 살짝 데쳐 찬물에 헹구어 물기를 꼭 짜 둔다. 3 도토리묵은 1~5cm 길이로 썰고, 홍고추는 잘게 다진다. 4 다진 쇠고기는 마늘 · 소금 · 후추를 넣고 밑간한 뒤 팬에 볶아 식혀 둔다. 5 ②, ③, ④를 무침그릇에 모아 담고, 두반장과 파, 마늘을 넣고 버무려 통깨와 참기름을 넣고 가볍게 섞어 마무리한다.

꿀풀견과류샐러드

[재료] 꿀풀 300g, 파프리카(노란색) 30g, 방울토
마토 2개, 호두 · 잣 · 아몬드 30g, 양파 20g **[발사
믹 드레싱]** 올리브오일 3큰술, 발사믹식초 1큰술,
소금 · 후추 · 다진 양파 약간씩

1 꿀풀을 깨끗이 씻어 물기를 제거한다. 2 파프리
카와 양파는 채 썰고, 견과류는 굵게 다지고, 발사
믹 드레싱을 만든다. 3 ③을 접시에 담고 발사믹
드레싱을 곁들인다.

자운영

한자로 홍화채(紅花菜)라고 쓰는 자운영은 중국에서 들어온 콩과에 딸린 두해살이풀이다. 땅의 폐해를 막아 땅의 힘을 기르고 벼농사의 풍년을 위한 녹비(綠肥) 작물로 들여와 재배하던 것이 귀화한 것이다. 공기 중에 있는 뿌리혹박테리아가 질소를 빨아들여 스스로 질소 비료를 만들기 때문에 겨우내 심어 두었다가 봄에 갈아엎어 버리면 논흙의 일부가 되어 녹비의 소임을 다하므로 '푸른 비료'라고 불리기도 한다. 가을에 씨앗을 뿌리면 이듬해 봄 모내기 전에 넓은 논에 일제히 진홍빛 꽃무리가 펼쳐진다. 클로버 비슷한 잎에 진분홍빛 꽃이 무리 지어 피는 것이 아름답다.

보는 것으로도 만족스럽지만 자운영은 맛도 좋다. 꽃이 피기 전의 푸른 잎을 날것 그대로 양념장에 무친 생채와 된장국은 입맛을 살려 주는 봄맛이다. 살짝 데쳐 참기름이나 된장에 조물조물 무친 자운영나물은 겨울철에 부족해진 비타민과 미네랄을 보충해 주는 종합 영양제라 할 수 있다.

자운영은 약초로도 쓰이는데, 기침을 멎게 하고 가래를 삭이며, 눈을 밝게 하고 소변을 잘 나오게 하는 효과가 있다. 단맛과 약간의 비린맛, 매운맛, 떫은맛이 모두 섞여 있어 오감을 만족시키기에 충분하다.

꽃도 아름답고 나물도 맛이 좋아 남도 지방의 봄을 화사하게 만들어 주는 선물이다.

자운영나물

[재료] 자운영 300g, 홍고추 1/2개, 굵은 소금 1큰술
[잣소스] 잣 · 참기름 2큰술씩, 육수 1큰술, 다진 마늘 1/2큰술, 고운 소금 1작은술, 소금 · 흰 후춧가루 약간

1 자운영은 지저분하고 억센 겉잎을 떼어 낸 뒤 깨끗이 씻는다. **2** 냄비의 물이 팔팔 끓으면 굵은 소금을 넣고 살짝 데친 뒤 바로 건져 찬물에 헹궈 물기를 짠다. **3** 홍고추는 곱게 채 썬다. **4** 잣을 곱게 간다. **5** 곱게 간 잣가루에 참기름을 넣고 갠 다음 소스 재료를 모두 섞어 잣소스를 만든다. **6** 잣소스에 자운영을 넣고 고추채를 넣어 조물조물 무친다.

[고추장 양념] 고추장 2큰술, 고춧가루 · 다진 파 · 다진 마늘 · 매실청 1큰술씩, 통깨 · 참기름 1/2큰술씩
[된장 양념] 된장 · 다진 파 · 다진 마늘 1큰술씩, 통깨 · 참기름 1/2큰술씩, 소금 약간

자운영샐러드

[재료] 자운영(잎, 꽃) 150g, 파프리카(홍 · 황) 1/4개씩
[비네거드레싱] 샐러드오일 3큰술, 식초, 사과즙 2큰술씩, 설탕 1 큰술, 다진 양파 1작은술, 소금 · 후추 약간씩

1 자운영 꽃과 연한 잎을 골라 손질하여 살짝 흔들어 씻은 뒤 물기를 제거한다. **2** 파프리카는 잘게 다진다. **3** ①, ②를 가볍게 섞어 접시에 담는다. **4** 드레싱을 만들어 ③의 접시 위에 끼얹는다.

참취

흔히 '취나물'로 불리는 참취는 우리나라에서 가장 잘 알려진 나물일 것이다. 나물을 잘 모르는 사람도 참취 정도는 알고 있을 정도로 전국적으로 많이 먹는다. 날것으로 쌈을 싸서 먹거나 데쳐서 나물로 먹는다. 삶아서 말려 묵나물로 저장해 두었다가 물에 불려 다시 데쳐서 볶아 먹기도 한다. 산채비빔밥에도 빠지지 않고, 정월대보름 나물 밥상에도 반드시 오르는 나물이다.

개미취 · 곰취 · 수리취 등등 '취' 자가 들어가는 여러 가지 산나물 중에서도 향취가 가장 좋고, 생으로 쌈을 싸 먹어도 맛있고, 햇나물이나 묵나물 다 맛이 좋아 진짜 취인 '참취' 라는 이름이 붙었으며, '산나물의 왕' 이라는 별명을 가지고 있다.

취나물은 칼륨 · 비타민C · 아미노산 함량이 많은 알칼리성 식품으로, 데쳐서 무쳐 먹으면 입맛을 살려 주고 춘곤증 예방에도 효과가 좋다. 무기질 중 칼슘 함량이 46%로 시금치보다 수십 배나 많고, 비타민A 또한 배추에 비해 10배나 풍부한 것으로 확인된다.

야생 참취는 하트 모양의 잎 양면에 짧은 솜털이 나 있다. 겨울에 비닐하우스에서 키워 이른 봄에 시장에 내오는 것은 잎 모양도 제대로 된 하트 모양이 나오지 않고 키도 별로 크지 않다. 포기째 채취하므로 얼핏 보면 포항초처럼 보일 때도 있다. 제철에 산에서 꺾는 품질 좋은 취나물을 하트 모양의 잎에 짧은 솜털이 살아 있으며, 잎 하나 길이가 한 뼘 정도 되는 것도 줄기가 연하다.

취나물은 오장의 기운을 고르게 해서 소화를 촉진시키고 정장 작용이 있어서 만성 변비에 사용하기도 한다. 또한 성질이 따뜻하여 혈액 순환을 촉진하고, 근육통이나 관절통에 효과가 좋다. 가래를 삭이고 기침을 멈추게 하며, 말을 많이 하여 목이 아플 때 먹어도 효과가 좋다. 하루 5~10g 정도를 꾸준히 먹으면 당뇨병을 예방할 수 있으며, 베타카로틴과 폴리페놀 화합물 같은 미량 원소가 풍부하여 발암 물질의 활성을 60~80%나 억제해 주는 것으로 보고되고 있다.

먹기 좋게 자란 참취. 양지에서 자라면 키가 작고 단단하며, 숲속에서 자라면 키가 크고 연하다.

참취 꽃. 가을에 1m 이상 키가 자라 흰꽃을 피운다.

　민간에서는 취나물과 미나리를 한데 넣고 생즙을 내어 마시면 황달에 효과가 있는 것으로 알려져 있다. 그리고 타박상에는 취나물 생잎을 촛불에 그을려 환부에 붙였다가 5분 쯤 뒤에 다른 취나물을 촛불에 그을려 환부에 붙이기를 반복하면 빨리 낫는 것으로 알려져 있다.

참취들깨나물

[재료] 참취 300g, 들깨가루 5큰술, 참기름 1큰술, 통깨 1/2큰술, 식용유 1큰술, 물 1.5컵, 굵은 소금 1큰술 **[양념]** 국간장 · 다진 파 · 깨소금 1큰술씩, 다진 마늘 1/2큰술, 소금 약간

1 취는 여린 잎으로 준비해 깨끗하게 씻어 끓는 물에 소금을 조금 넣고 살짝 데친 뒤 찬물에 30분 정도 담가 우려낸 다음 물기를 꼭 짜놓는다. 2 무침 그릇에 양념 재료를 모두 넣고 골고루 섞는다. 3 ②에 ①의 취나물을 넣고 조물조물 무친다. 4 팬에 ③을 넣고 볶는다. 5 들깨가루에 물을 넣고 풀어 들깨즙을 만들어 ④의 취나물에 붓고 한 번 더 볶는다. 6 들깨즙이 취나물에 고루 스며들면 참기름과 통깨를 넣고 마무리한다.

맛있는 Tip 참취는 알칼리성 식품으로, 볶을 때 들깨가루를 넣으면 맛이 구수해지며, 단백질과 지방질이 첨가되어 영양 면에서도 이상적인 반찬이 된다. 취나물은 센 불에서 잠깐만 볶는다. 오래 볶으면 쓴물이 나와 맛이 없어진다.

참취나물

[재료] 참취 300g, 통깨 1/2큰술, 굵은 소금 1큰술 [잣된장소스] 된장 1큰술, 잣가루 1/2큰술, 간 마늘 1작은술, 참기름 · 깨소금 · 다진 파 1큰술씩, 고운소금 약간

1 참취는 손질하여 씻어 넉넉한 끓는 물에 굵은 소금을 넣고 살짝 데친 뒤 재빨리 찬물에 헹구어 물기를 꼭 짠 다음 먹기 좋게 썬다. **2** 소스 재료를 모두 섞어 잣된장소스를 만든다. **3** ①의 취나물에 잣된장소스를 넣고 조물조물 무친다.

※ 초고추장 양념으로 무칠 때도 양념만 다를 뿐 요리 과정은 위와 동일하다.

[초고추장 양념] 고추장 2큰술, 고춧가루 · 식초 · 통깨 · 설탕 · 다진 파 1큰술씩, 다진 마늘 1/2큰술, 소금 약간

참취고추장무침

[재료] 취나물 300g [고추장 양념] 호두 10g, 고추장 2큰술, 참기름 · 깨소금 · 다진 파 1큰술씩, 다진 마늘 · 통깨 1작은술씩, 소금 약간

1 취나물을 다듬어 씻어 끓는 물에 소금을 넣고 데쳐 찬물에 헹궈 물기를 꼭 짜서 원하는 길이대로 썬다. **2** 무침 그릇에 간장 양념 재료를 고루 섞어 삶은 취를 넣어 조물조물 무친 뒤 센 불에 잠깐 볶아 통깨를 뿌린다.

※ 양념을 달리 해도 ①의 과정은 공통적이다. 입맛에 맞는 양념을 만든 뒤 취나물에 넣고 조물조물 무친다.

[간장 양념] 국간장 · 참기름 · 깨소금 · 다진 파 1큰술씩, 다진 마늘 · 통깨 1/2큰술씩, 소금 약간

[된장 양념] 된장 2큰술, 참기름 · 깨소금 · 다진 파 1큰술씩, 고추장 · 통깨 · 다진 마늘 · 잣가루 1/2큰술씩

참취묵나물

[재료] 말린 참취 300g, 홍고추 2개, 대파 1/4뿌리, 들기름 2
큰술, 참기름 1큰술, 통깨 1/2큰술 [양념] 국간장 · 다진 파 ·
깨소금 1큰술씩, 다진 마늘 1/2큰술, 소금 약간

1 취는 미지근한 물에 하룻밤 담갔다가 삶아 그대로
뚜껑을 덮어 두었다가 헹구어 찬물에 담근다. **2** 취가
부드러워지면 물기를 빼고 4~5cm 길이로 썬다. **3** 고
추와 대파는 어슷 썬다. **4** 손질한 취에 양념 재료를
넣고 조물조물 무쳐 밑간한다. **5** 냄비에 들기름을 두
르고 ④의 취를 충분히 볶은 뒤 물 4~5큰술을 자작하
게 붓고 뚜껑을 덮어 푹 익힌다. **6** 물이 거의 졸고 취
에 간이 배면 ③, 참기름과 통깨를 넣고 살짝 볶는다.

참취약밥쌈

[재료] 찹쌀 3컵, 밤 10알, 대추 5알, 생취 50g, 소금 [약밥 양
념] 간장 3큰술, 황설탕 4큰술, 참기름 1큰술, 소금 [취나물
양념] 참기름 2작은술, 소금 [양념장] 간장 3큰술, 참기름 1
큰술, 다진 마늘 · 깨 1작은술씩, 고춧가루 1/2작은술

1 찹쌀은 깨끗이 씻어 30분 정도 물에 담가 불린 뒤
체에 밭쳐 물기를 뺀다. **2** 밤은 껍질을 벗겨 반으로
자르고, 대추도 씨를 발라 반으로 자른다. **3** ①에 ②
와 약밥 양념을 넣고 섞어 평소보다 밥물을 조금 적게
부어 밥을 짓는다. **4** 삶은 취는 물기를 없애고 참기름
과 소금으로 무친다. **5** 약밥이 익으면 한 김 식힌 뒤
취를 두 장씩 겹쳐 펼쳐 놓고 밥을 넣고 돌돌 만다.

참취전

[재료] 취나물 300g, 조갯살 100g, 대파 1/2뿌리, 깨소금 2
큰술, 달걀 4개, 녹말가루 2큰술, 후추 · 소금 적당량, 참기
름 · 식용유 적당량

1 취나물은 다듬어 깨끗이 씻어 소쿠리에 밭쳐 물기
를 거두어 적당한 길이로 자른다. **2** 조갯살은 소금물
에 흔들어 씻은 뒤에 물기를 뺀다. **3** 대파는 4cm 길
이로 채 썬다. **4** 그릇에 취나물과 조갯살을 담고 달걀
푼 것과 녹말가루를 넣어서 잘 섞는다. **5** ④에 소금과
후추를 넣어서 간을 한다. **6** 프라이팬에 식용유와 참
기름을 반씩 두르고 ⑤를 한 국자씩 넣어서 부친다.

참취찜

[재료] 생취 100g, 쇠고기 30g, 홍고추 1개 [쇠고기 양념] 진간장 · 다진 파 · 다진 마늘 · 참기름 · 후추 1작은술씩
[양념장] 진간장 3큰술, 깨소금 · 참기름 · 다진 파 · 물 1큰술씩, 다진 마늘1/2큰술

1 손질해서 씻어 건진 취나물 잎에 분량의 간장을 붓고 약간 숨이 죽을 정도로 절인다. 2 쇠고기는 곱게 다져 양념에 재워 살짝 볶는다. 3 취나물 절인 간장을 그릇에 따른 뒤 양념 재료를 넣어 양념장을 만든다. 4 ①의 취나물을 한 장 한 장 펴서 그릇에 담고 사이사이에 양념장과 ②의 고기를 뿌린 뒤 찜통이나 전자레인지에서 익힌다.

맛있는 Tip 참취는 작고 연한 것보다 약간 크고 뻣뻣해서 나물로 먹기에 질긴 것을 이용하고, 고기 대신 양념장에 멸치를 머리와 내장을 빼고 잘게 다져서 넣어도 좋다.

며늘취

며늘취는 꽃이 아름다운 화초 금낭화의 어린순을 부르는 이름이다. 꽃대가 올라오기 전 한 뼘 가량 자란 어린순을 뜯어 데쳐서 우려낸 뒤에 무치면 마치 참나물처럼 아삭아삭하고 독특한 향기가 난다. 된장국의 국거리로 쓰기도 하고, 잘 말려 두었다가 한겨울에 묵나물로 먹기도 한다. 금낭화는 약간의 쓴맛과 독성을 가진 식물로 알려져 있지만 어린 싹에는 독성이 없으며, 쓴맛은 물에 1~2일 가량 우려내면 없어진다.

금낭화는 '며느리주머니' 라는 이름으로 불리기도 한다. 연분홍색 꽃 모양이 예전에 여인들이 차던 '염낭' 이라는 주머니를 닮았기 때문이다. 한방에서는 전초를 채취하여 말려서 타박상이나 종기 등에 약재로 쓴다. 꽃을 그늘에 말려 차로 이용하기도 한다.

금낭화는 강원도 산간 지방에서 많이 볼 수 있다. 산기슭 반그늘 습기 있는 곳에서 군락지가 발견되는 경우가 많다. 선조들은 울타리 아래, 돌담 근처에 가꾸어 어린순을 나물로 먹고, 꽃을 즐기고 약재로 활용해 왔다.

금낭화를 집에서 기를 때는 반그늘이면서 배수가 잘되는 곳에서 기른다. 잘 자라는 편이지만 2~3년에 한 번씩 포기를 나누어 자리를 옮겨 주어야 실하게 큰다.

성숙한 꽃과 줄기에서 특이한 냄새가 나서 처음엔 나물로 먹기가 망설여지지만 묵나물은 매우 맛이 좋다.

며늘취들깨나물

[재료] 마른 며늘취 300g, 들깨가루 3큰술, 들기름 1큰술, 다진 파 1큰술, 참기름 · 통깨 1/2큰술, 소금 약간 [며늘취 밑간] 국간장 · 깨소금 · 다진 마늘 · 들기름 1큰술씩

1 며늘취는 미지근한 물에 하룻밤 정도 담가 두었다가 10분 정도 삶은 뒤 뚜껑을 덮고 2시간 정도 두었다가 물에 여러 번 헹구어 억센 줄기를 잘라 내어 다듬는다. 2 불린 며늘취는 물기를 빼고 적당한 길이로 썬다. 3 며늘취에 밑간 양념을 모두 넣고 조물조물 무쳐 양념한다. 4 냄비에 들기름을 두르고 다진 파를 볶아 향이 돌면 ③의 며늘취를 5분간 볶는다. 5 들깨가루에 물 1/2컵을 풀어 들깨즙을 만들어 ④에 두르고 조금 더 볶는다. 6 부족한 간은 고운 소금으로 보충하고 참기름과 통깨를 넣어 가볍게 섞는다.

개미취

개미취는 우리나라 전역 산기슭의 물기가 많고 햇빛이 잘 드는 곳 또는 반그늘에서도 잘 자라는 여러해살이풀이다. 키가 커서 다 자라면 2m에 이르는 것도 있다. 연보랏빛의 꽃이 8~10월에 피는데, 가을 분위기에 잘 어울려 관상용으로도 인기가 있다. 한 번 자라기 시작하면 몇 년 사이에 군락을 이루므로 화초로나 나물로나 이용 가치가 높은 야생초다. 번식력이 강해 화단에 옮겨 심어도 잘 자라는데, 집에 심을 때는 물을 충분히 주도록 한다.

취나물의 한 종류로, 어린순을 나물로 먹는데 이른 봄 한 뼘 가량 자랐을 때 햇나물로 무쳐 먹고, 데쳐서 말려 묵나물로 이용하기도 한다. 강원도 영서 지방에서는 한 뼘 정도 되는 어린잎을 고추장이나 된장에 찍어 생으로 먹기도 한다. 입맛에 따라 취나물 치곤 쓴맛을 느낀다는 사람도 있지만 떫고 쓴맛이 강한 편은 아니다. 묵나물로 쓸 때는 데쳐서 말렸다가 물에 불려 다시 데쳐서 이용한다.

한방에서는 뿌리와 풀 전체를 토혈 · 천식 · 폐결핵성 기침 · 만성 기관지염 · 이뇨 등에 처방한다. 뿌리는 '자완'이라 하여 한약재로 쓰는데 진해 · 거담 작용이 현저히 드러난다. 임상에서도 백일해 · 만성 기관지염 · 폐렴에 유효한 반응을 나타내는 것으로 보고된 바 있다. 약리 실험에서도 항암 작용을 하는 것으로 나타나 여러 면에서 주목할 만한 산야초이다.

개미취는 봄에 먹는 나물도 맛있지만 가을에 피는 꽃도 아름다워 관상용으로 재배하는 곳이 늘어나고 있다.

개미취죽

[재료] 개미취 100g, 쌀 100g, 된장 2큰술, 간장 · 다진 파 · 참기름 1큰술씩, 다진 마늘 1/2큰술, 다시마 육수 6컵, 소금 · 잣 약간

1 쌀은 충분히 불려 거칠게 찧어 놓는다. 2 개미취는 끓는 물에 소금을 넣고 데쳐 찬물에 여러 번 헹구어 쓴맛을 뺀 뒤 적당한 크기로 썬다. 3 뚝배기에 참기름을 두르고 쌀과 개미취를 볶는다. 4 육수에 된장을 체에 걸러 풀어 넣고 ③에 넣고 은근한 불에 뭉글하게 끓인다. 5 쌀알이 눌어붙지 않도록 두세 번 정도 휘저으면서 마늘을 넣고 쌀이 퍼지면 파를 넣고 소금 간을 하여 낸다.

맛있는 Tip 다시마의 섬유 방향으로 직각이 되도록 두세 군데 가위로 잘라놓으면 맛이 잘 우러난다. 가윗밥을 지나치게 많이 내면 다시마의 진액이 흘러나와 국물이 미끈거린다. 찬물에 30분~1시간 정도 담가 두었다가 그 물로 국물을 우리면 더 맛있다.

고사리

고사리는 우리에게 가장 친근한 나물이다. 도르르 말린 고사리 새순은 나물이나 국거리로 많이 이용하고, 가을에 캔 고사리는 햇볕에 말려 주로 약으로 썼다. 고사리 전분은 품질이 좋아 고사리떡의 재료로 쓰인다. 이 전분은 접착력이 우수하여 화학 접착제가 나오기 전까지 우수한 접착제로 이용되었다고 한다.

고사리는 예부터 잔칫상과 제상에 빠져서는 안 될 제 1의 나물로 인식되어 왔다. 우리나라 전역 산지에 자생한다. 제주도와 강원도에서 고사리가 많이 나는데 제주도 고사리는 줄기가 가늘고 살이 없어 다소 뻣뻣한 반면에, 강원도 설악산에서 나는 고사리는 줄기가 굵고 통통하며 시커먼 색깔을 띠어 ‘먹고사리’로 불린다. 민간인의 출입을 통제하는 강원도 양구나 인제에서 허가를 받고 채취하는 고사리는 워낙 실하여 수입산으로 오해받는 일까지 있다고 한다.

고사리에는 단백질 · 비타민B$_2$ · 섬유소가 풍부한데, 말린 고사리에는 비타민D까지 추가되어 영양식이 된다. 피를 맑게 하고 머리를 맑게 하며, 뿌리 가루는 흥분제 역할을 한다. 해열 · 이뇨 작용을 하며, 불면증을 다스리는 효과도 있다. 석회질이 풍부하여 치아와 뼈를 튼튼하게 해 주므로 가끔 먹으면 건강에 도움이 된다. 특히 고사리의 서늘한 기운이 정신을 맑게 한다고 알려져 수험생의 식품으로 권장되어 왔다.

고사리는 쓰임새도 매우 다양하다. 전이나 녹두빈대떡, 비빔밥의 주재료로는 물론 들깨즙을 넣은 고사리탕과 매콤 시원한 육개장의 빼놓을 수 없는 재료이기도 하다. 예전에는 고사리 새순에 제 맛이 오른 조기를 넣고 자박자박 졸인 것이 최고의 봄 반찬이었다.

그런데 이렇게 맛좋고 쓰임새 많은 고사리에 대해 유독성 논란이 있다. 《본초강목》에는 고사리에 대해 “유독하며, 오래 먹으면 눈이 어두워지고 코가 막히며 머리가 빠진다. 많이 먹으면 발이 약해져 잘 걷지 못하게 된다.”고 기록되어 있으며, 1965년에는 영국 학자가 고사리에서 발암 성분인 브라켄톡신(brackentoxin)과 비타민B$_1$ 파괴 효소인 아네우

우리 민족에게 친근한 고사리. 봄에 채취하여 삶아서 잘 말려 두었다가 일년 내내 온갖 요리로 먹는다. 제삿상에 오르는 정겨운 산채다.

리나아제(aneurinase)가 극미량 들어 있다는 사실을 밝혀냈다. 또한 고사리는 곤충의 침해를 막기 위해 중독을 일으키는 청산(靑酸)을 만들어 내는데, 어린순은 그 성분이 순하지만 여름철 뜨거운 햇볕을 받고 자란 것은 강력한 독이 되어 동물에게 피해를 끼칠 수 있다.

하지만 삶아서 쌀뜨물에 담가 두거나 물에 여러 번 우려내어 먹으면 아무 문제가 되지 않는다. 어린순을 따다가 삶아 햇볕에 말리는 과정을 거치면서 고사리 중에 함유되어 있는 유해 물질이 감소되어 식용에 별 지장이 없게 되며, 비타민D가 증가한다. 더욱이 갖은 양념으로 조리하면 무기질 함량이 증가한다. 이것은 각종 양념의 보완 작용에 의해 영양가가 높아지는 것이다. 영양가도 풍부하려니와 예부터 명절 음식에 요긴한 재료로 취급된 고사리는 오늘날에도 주목할 만한 식품이다.

《본초강목》, 《동의보감》 등에서는 "고사리는 감미(甘味)와 한성(寒性)이 있고 매끄럽기 때문에 폭열(暴熱)을 제거하며 소변을 잘 나가게 하고 잠을 잘 자도록 한다. 고사리는 나물로 만들어 먹기도 한다. 또한 뿌리를 태운 재를 기름에 개어 뱀이나 벌레 물린 곳에 바른다."라고 했다. 또한 "치질로 피가 나오면서 열독이 있는 것을 치료하려면 고사리꽃을 볶아 분말로 만들어 2돈씩 미음에 넣어 먹는다."고 기록되어 있다.

햇고사리들깨나물

[재료] 고사리(생것) 300g, 들깨가루 3큰술, 물 1.5컵, 들기름(식용유) 1큰술, 다진 파 · 통깨 1/2큰술씩, 굵은 소금 1큰술 [고사리 밑간] 국간장 · 깨소금 · 참기름 1큰술씩, 다진 마늘 1/2큰술

1 고사리는 억센 부분을 잘라 내고 손질한 뒤 끓는 물에 소금을 넣어 데쳐 헹구어 소쿠리에 건져 물기를 뺀다. 2 고사리를 4~5cm 정도 길이로 썬다. 3 고사리에 밑간 재료를 모두 넣고 주물러 간을 한다. 4 두꺼운 프라이팬에 기름을 두른 뒤 ③을 넣고 충분히 볶는다. 5 고사리가 익으면 재료를 넣고 볶는다. 6 물에 들깨가루를 풀어 들깨즙을 만들어 고사리에 넣고 조금 더 볶는다. 7 ⑥에 파와 통깨를 넣고 소금으로 간을 맞춘다.

햇고사리누름적

[재료] 고사리 200g, 쇠고기 200g, 밀가루, 달걀 2개, 식용유 적당량, 대꼬치 적당량 [쇠고기양념] 간장 2큰술, 설탕 · 다진 파 1큰술, 다진 마늘 · 깨소금 · 참기름 1/2큰술, 후추 약간 [초간장] 간장 2큰술, 설탕 · 식초 1큰술씩

1 고사리는 손질하여 물에 데쳐 헹군 뒤 물기를 짜서 6cm 길이로 자른다. 2 쇠고기는 자근자근 두들겨 7cm 길이로 썰어 양념에 재워 둔다. 3 고사리 쇠고기순으로 반복하여 대꼬치에 꿴 다음 밀가루와 달걀을 입혀 팬에 지져 낸다. 4 ③이 따뜻할 때 대꼬치를 빼고 초간장을 곁들인다.

고사리들깨나물

[재료] 마른 고사리 300g, 들깨가루 3큰술, 물 1.5컵, 들기름(식용유) 1
큰술, 다진 파ㆍ통깨 1/2큰술씩, 굵은 소금 1큰술 [고사리 밑간] 국간
장ㆍ깨소금ㆍ참기름 1큰술씩, 다진 마늘 1/2큰술

1 말린 고사리는 미지근한 물에 하룻밤 정도 담가 두었다가 10분 정
도 삶은 뒤 뚜껑을 덮고 2시간 정도 두었다가 물에 여러 번 헹구어 억
센 줄기를 잘라 내어 다듬는다. 2 고사리를 물기를 빼고 먹기 좋은 길
이로 썬다. 3 ②의 고사리에 밑간 양념을 넣고 조물조물 무쳐 양념한
다. 4 냄비에 기름을 두르고 다진 파를 볶아 향이 돌면 ③의 고사리를
5분간 볶다가 들깨가루를 푼 물을 두르고 잠깐 더 끓인다. 5 고운 소
금으로 간을 하고 통깨를 뿌린다.
맛있는 Tip 간장만으로 간을 하면 색이 너무 검어지거나 질척거릴 수
도 있으므로 소금을 적당히 섞어 쓰는 것이 좋다.

고사리나물

[재료] 마른 고사리 300g, 식용유 · 다진 파 1큰술씩, 통깨 1/2큰술, 물 4~5큰술, 고운 소금 약간 **[양념]** 들기름 2큰술, 국간장 · 깨소금 1큰술씩, 다진 마늘 1/2큰술

1 말린 고사리는 미지근한 물에 하룻밤 정도 담가 두었다가 10분 정도 삶은 뒤 뚜껑을 덮고 2시간 정도 두었다가 물에 여러 번 헹구어 억센 줄기를 잘라 내어 다듬는다. 2 고사리를 물기를 빼고 4~5cm 길이로 썬다. 3 ②의 고사리에 양념 재료를 모두 넣고 조물조물 무쳐 양념한다. 4 냄비에 기름을 두르고 다진 파를 볶아 향이 돌면 ③의 고사리를 5분간 볶다가 물을 4~5큰술 두르고 뜸을 들인다. 5 고운 소금으로 간을 하고 통깨를 뿌린다.

고사리잡채

[재료] 고사리 200g, 쇠고기 100g, 당근 1/2개, 청피망 · 노란 파프리카 1개씩, 홍고추 1개 [불고기 양념] 간장 5
큰술, 설탕 2큰술, 다진 마늘 · 다진 파 1큰술 , 참기름 1큰술, 소금 · 후추 적당량

1 말린 고사리는 미지근한 물에 하룻밤 정도 담가 두었다가 10분 정도 삶은 뒤 뚜껑을 덮고 2시간 정도 두었다가
물에 여러 번 헹구어 억센 줄기를 잘라 내어 다듬어 물기를 빼 놓는다. 2 쇠고기는 채 썰어 불고기 양념을 1큰술
을 넣고 재운다. 3 당근 · 피망 · 고추는 채 썬다. 4 팬에 식용유를 두르고 ②의 쇠고기를 볶다가 ①, ③을 넣고 볶
는다. 5 ④에 나머지 불고기 양념을 넣어 간한다.
맛있는 Tip 잡채에 넣는 볶은 채소는 센 불에 재빨리 볶아서 수증기가 빨리 날아가게 해야 오랫동안 아삭한 맛을
유지할 수 있다.

다래순

다래나무는 우리나라 전국 산기슭에 자생하고 있으며, 열매는 만성 간염이나 위장병, 위암, 통풍 등에 효험이 있는 약재로 쓰이고, 새순은 맛좋은 나물로 쓰인다. 또한 이른 봄에 채취할 수 있는 다래나무 수액도 만성 피로·식욕 부진·간 기능 저하 등의 증상을 개선하는 효과가 있는 것으로 알려져 있다. 다래나무 열매는 10월에 황록색으로 익는데, 비타민·유기산·당분·단백질·인·나트륨·칼륨·마그네슘·칼슘·철분·카로틴·비타민C가 풍부하여 항암 식품으로 인정받고 있다. 특히 위암을 예방하고 개선하는 데 효과가 있는 것으로 알려져 있다. 이 열매를 햇볕에 말린 것을 '미후도(彌杭桃)'라고 하여 입맛이 없고 소화가 안 될 때, 당뇨병과 황달 치료 등에 이용한다. 《동의보감》에서는 다래에 대해 "심한 갈증과 가슴이 답답하고 열이 나는 것을 멎게 하고 결석 치료와 장을 튼튼하게 하며 열기에 막힌 증상과 토하는 것을 치료한다."라고 기술하고 있다.

다래나무의 순은 이른 봄에 올라온 5cm 미만의 것을 나물로 식용한다. 새순을 채취해서 삶아서 말려 묵나물로 이용한다. 들기름 양념을 해서 볶아 먹기도 하고, 채소가 귀한 겨울에 된장국을 끓여 먹어도 좋다. 그런데 다래순은 다른 나물과 달리 묵나물로만 먹을 수 있다. 잎사귀가 파란 다래순을 그대로 무쳐 먹으면 아무리 갖은 양념을 해도 맛이 나지 않는다. 바람이 잘 통하는 곳에서 말려 겨울이 되어야 제맛이 난다.

다래순 묵나물은 간경화·소갈증·고혈압 같은 문명병을 개선하는 효과가 큰 것으로 알려져 있다.

5월 초순경 강원도 산에서 만나는 다래나무의 연한 순. 데쳐서 말려 두었다가 묵나물로 먹어야 제맛이 난다.

다래순나물

[재료] 말린 다래순 300g 참기름 1작은술, 통깨 1/2큰술
[양념] 국간장 2큰술, 다진 마늘 1큰술, 들기름 2큰술, 깨
소금 1큰술, 후추 · 소금 약간

1 다래순은 미지근한 물에 충분히 불린 뒤 끓는 물
에 5분 정도 삶아 불을 끄고 뚜껑을 덮은 채로 3~4
시간 두었다가 찬물에 헹군다. **2** 다래순이 큰 것은
먹기 좋은 크기로 자른다. **3** 다래순에 양념 재료를
모두 넣고 조물조물 무쳐 밑간을 한다. **4** 프라이팬
이나 두꺼운 냄비에 ③의 다래순을 넣고 중간 불에
서 볶은 뒤 참기름과 통깨를 넣고 마무리한다.

다래순장떡

[재료] 다래순 300g **[반죽]** 고추장 3큰술, 된장 2큰술,
쌀가루 1/2컵, 부침가루 1컵, 다진 마늘 1작은술, 다진
파 2큰술, 달걀 1개, 소금 적당량, 물 3컵

1 다래순은 미지근한 물에 충분히 불린 뒤 끓는 물
에 5분 정도 삶아 불을 끄고 뚜껑을 덮은 채로 3~4
시간 두었다가 찬물에 헹군다. **2** 반죽 재료를 한데
섞어서 반죽을 만든 뒤 다래순을 넣고 다시 섞는
다. **3** 팬에 식용유를 두르고 지져 낸다.
맛있는 Tip 전을 부칠 때는 뒤집개로 꾹꾹 눌러
주어야 재료끼리 서로 잘 밀착되어 부서지지 않고
더 찰지고 쫄깃하다.

두릅

두릅나무는 낙엽 관목으로 키가 3~4m인 작은 나무인데 껍질에 작은 가시가 있어 다른 나무에 비해 쉽게 구분이 된다. 봄에 돋아나는 순을 삶아서 먹는데, 단백질과 무기질, 비타민C가 많다. 두릅의 쓴맛을 내는 사포닌 성분은 혈액 순환을 도와 피로 회복에 좋다.

쌉싸래하면서 향긋한 맛과 씹는 질감이 좋아 '나물의 왕자'라고 불리기도 한다. 예전에는 '목두채(木頭菜)'라고 하여 열 대 정도를 새끼줄이나 끈으로 엮어 팔았다. 어린순을 살짝 데쳐서 초고추장에 찍어 먹고, 약간 자란 것은 삶아 데쳐서 찢어 나물로 무쳐 먹으며, 튀김으로 조리한다. 6cm 이상 자란 것이라도 소금을 넣어 데치면 쓴맛이 사라지므로 맛있게 먹을 수 있다. 토마토케첩을 섞으면 어린이들도 좋아하는 별미가 된다.

두릅은 새순이 벌어지지 않고 통통한 것으로 붉은 껍질이 붙어 있고 길이가 짧은 것이 향도 좋고 맛도 좋다. 데칠 때는 아랫부분에 칼집을 깊게 넣으면 열이 골고루 전달되어 빨리 익는다.

두릅나무의 껍질은 총목피(曾木皮)라 하여 당뇨병·신장염·위궤양 등에 약재로 쓰고, 잎이나 뿌리, 열매는 건위제로 쓴다. 떫고 쓴맛을 내는 사포닌 성분이 들어 있어 혈액 순환을 돕고 피로를 풀어 주므로 정신적으로 피로하거나 불안한 사람, 공부하는 학생이 먹으면 머리가 맑아지고 잠도 편하게 잘 수 있다. 신장이 약한 사람과 만성 신장병으로 몸이 붓고 소변을 자주 보는 사람에게도 도움이 된다. 열량이 낮아 혈당치를 떨어뜨리고 허기를 막아 주므로 당뇨 환자가 먹어도 좋다.

'나물의 왕자'라는 별명이 붙은 두릅

두릅병어회

[재료] 두릅 200g, 병어 2마리, 레몬 1/2개, 소금 약간 [초고추장] 고추장 4큰술, 식초 · 고춧가루 · 통깨 · 설탕 · 다진 파 2큰술씩, 다진 마늘 1큰술, 소금 약간

1 두릅은 밑동을 감싸고 있는 단단한 나무껍질 같은 것을 벗겨 내고 조금 잘라 낸다. 2 밑동이 굵은 것은 2~4등분하여 크기를 일정하게 한다. 3 끓는 물에 소금을 넣고 굵은 밑동부터 넣어 살짝 데친 뒤 찬물에 헹궈 체에 건져 물기를 빼 놓는다. 4 병어는 횟감용을 골라 깨끗하게 손질하여 한 입 크기로 썬다. 5 레몬은 동그랗게 썰어 놓는다. 6 초고추장을 만든다. 7 접시 한쪽에 병어를 담고, 레몬과 두릅을 올린 뒤 초고추장을 곁들인다.

맛있는 Tip 산 두릅은 새순이 벌어지지 않고, 붉은색 껍질이 붙어 있으며 짧은 것이 향과 맛이 좋다.

두릅산적

[재료] 두릅 200g, 햄 200g, 참기름 · 간장 1큰술씩, 식용유 약간, 산적용 대꼬치 **[초간장]** 간장 2큰술, 설탕 · 식초 1큰술씩, 통깨 1작은술, 소금 약간

1 두릅은 먹기 좋게 손질하여 끓는 물에 소금을 넣고 굵은 밑동부터 넣어 살짝 데친 뒤 곧바로 찬물에 헹궈 물기를 빼 놓는다. **2** ①의 두릅을 간장과 참기름으로 밑간한다. **3** 햄은 두릅 크기로 자른 뒤 팬에 지져 낸다. **4** 두릅, 햄순으로 대꼬치에 끼운다. **5** 초간장을 곁들여 먹는다.
맛있는 Tip 두릅은 빛깔이 선명하고 물기를 머금고 있는 것이 싱싱한 것이다.

두릅새우회

[재료] 두릅 300g, 새우 15마리, 배 1/2개, 레몬 1개, 다시마 약간 **[겨자장]** 발효 겨자 · 식초 · 설탕 각 1큰술, 간장 1/2작은술 **[초고추장]** 고추장 4큰술, 식초 · 물엿 · 설탕 · 사이다 2큰술씩, 생강즙 1작은술

1 두릅은 먹기 좋게 손질하여 끓는 물에 소금을 넣고 굵은 밑동부터 넣어 살짝 데친 뒤 곧바로 찬물에 헹궈 물기를 빼 놓는다. **2** 새우는 소금과 레몬을 넣고 살짝 데친 뒤 식혀서 머리와 껍질을 벗기고 반으로 가른다. **3** 배는 새우 길이만큼 채 썰고, 레몬은 껍질을 돌려 깎아 채 썬다. 다시마는 물에 불린 뒤 물기를 제거하고 가늘게 썬다. **4** 두릅 · 새우 · 배 · 레몬의 길이를 맞추어 가지런히 한 뒤 다시마로 돌돌 말고 겨자장이나 초고추장을 곁들인다.

두릅잣소스새우무침

[재료] 두릅 200g, 새우살 50g, 두부 1/3모, 당근 50g, 검은깨 약간 **[잣 소스]** 잣 2큰술, 참기름 1/2큰술, 육수 1큰술, 소금, 흰후춧가루 약간

1 두릅은 먹기 좋게 손질하여 끓는 물에 소금을 넣고 굵은 밑동부터 넣어 살짝 데친 뒤 곧바로 찬물에 헹궈 물기를 빼 놓는다. **2** 새우는 끓는 물에 데쳐 껍질을 벗겨낸 뒤 얇게 반으로 가른다. **3** 두부는 칼등으로 으깨어 마른 행주에 싸서 물기를 제거하고 으깬다. **4** 당근은 1~4cm 길이로 얇게 썰어 소금으로 간하여 팬에 볶는다. **5** 잣을 곱게 다져 참기름을 섞고 다시 육수 1큰술을 넣고 섞어서 뽀얀 잣소스를 만든다. **6** 두릅·새우·두부·당근을 담고 소금으로 밑간을 한 뒤 잣 소스를 넣어 살짝 버무린다.

두릅김치

[재료] 두릅 200g, 무 1/10개, 대파 1/2대, 밤 2개
[양념] 묽은 쌀가루죽 20g, 액젓 20g, 고춧가루 3큰술, 설탕 1/2큰술, 다진 마늘 2큰술, 생강즙 1/2큰술, 실고추·소금 조금

1 두릅은 먹기 좋게 손질하여 끓는 물에 소금을 넣고 굵은 밑동부터 넣어 살짝 데친 뒤 곧바로 찬물에 헹궈 물기를 빼 놓는다. **2** 무는 채 썰고, 두릅과 함께 소금을 뿌려 가볍게 섞어 둔다. **3** 굵은 파는 어슷썰기하고, 밤은 채 썬다. **4** 넓은 그릇에 손질한 재료와 양념을 넣고 섞어 간을 맞춘다.

참죽

표준어인 '참죽나무'는 대나무처럼 순을 먹는다 하여 붙여진 이름이다. 충청도 지방에선 '죽순나무'로, 영호남 지방에선 '가죽나무'로 부른다. '참중나무'라고 불리기도 하는데, 사찰에서 이 나무의 순을 따서 나물로 먹었다 하여 붙여진 이름으로 전해진다. 실제로 한명은 진승목(眞僧木)이다.

우리나라 중부 이북에서는 이 나무를 보기가 어렵고, 영호남 지역에서 인기가 많은 고급 산채다. 나물·전·찹쌀부각·장아찌 등 다양하게 요리해 먹는다. 독특한 향이 봄철의 미각을 돋우워 주므로 어렸을 때 참죽잎을 먹고 자란 사람들에게는 그 어떤 산채보다도 향수를 자극하는 산채다.

봄에 일찍이 돋아나는 참죽나무의 기름을 바른 것처럼 매끄러우며 겨자색과 연한 갈색, 연두색이 어우러져 꽃처럼 아름답게 보인다. 가지 끝에서 처음 나오는 순을 최고로 치며, 몇 번 더 수확이 가능하다. 참죽의 잎에는 카로틴 및 비타민 B와 C가 함유되어 있으며 칼슘과 칼륨도 풍부하다.

한방에서는 열매를 이질·치질 등에 사용한다. 민간에서는 이질·혈변·위궤양에 뿌리를 진하게 달여 먹는다. 껍질을 벗긴 뿌리를 말려서 한방에서는 이질(痢疾)·치질·장풍(腸風)에 쓰기도 하며, 이질을 앓을 때나 위궤양에는 뿌리를 진하게 달여 먹기도 한다.

꽃만큼이나 생기 있고 아름다운 참죽나무의 새순

참죽나무잎볶음

[재료] 참죽나무잎 300g **[양념]** 들기름 2큰술, 다진 파·
통깨 1큰술씩, 다진 마늘 1/2큰술

1 참죽나무 잎은 연한 것을 골라 끓는 물에 소금
을 넣어 데쳐 찬물에 헹군 뒤 물기를 꼭 짜서 적당
한 크기로 썬다. **2** 분량의 재료를 넣고 양념을 만
든다. **3** 가죽나물에 양념장을 넣고 조물조물 무친
다. **4** 달구어진 팬에 ③의 가죽나물을 넣고 살짝
볶은 뒤 통깨를 뿌린다.

참죽부각

[재료] 참죽나무잎 200g, 찹쌀가루 1.5컵, 육수 1컵, 고
춧가루 2큰술, 통깨 1큰술, 소금 약간, 식용유(튀김용) 적
당량 **[육수]** 마른 다시마(사방 10cm) 1장, 물 5컵, 무·양
파 50g, 마늘 2톨, 표고버섯 1개, 대파 1/2뿌리

1 가죽나무잎은 연한 것을 골라 끓는 소금물에 데
쳐 찬물에 헹궈 물기를 뺀다. **2** ①을 채반에 넣어
꾸덕꾸덕하게 말린다. **3** 냄비에 찹쌀가루를 넣고
육수 1컵을 부어 가며 덩어리지지 않게 푼다. 센 불
에서 한소끔 끓으면 불을 약하게 줄여 서서히 윤
기와 맑은 빛이 나도록 풀을 쑨다. **4** 찹쌀풀이 어
느 정도 되직해지면 고춧가루·통깨·소금 등을
섞어서 찰지게 섞은 뒤 차게 식힌다. **5** ②에 찹쌀
풀을 골고루 발라 채반에 넣어 햇볕에 4~5일간 말
린다. **6** 약간 눅눅하게 말랐을 때 4~5cm 길이로
잘라 두고 사용하면 편리하다. 겉면이 윤기 있게
마르면 밀폐 용기나 종이 봉지에 담아 보관한다. **7**
160℃의 튀김 기름에 ⑥을 재빨리 튀겨 낸다. 고춧
가루가 들어 있어 다른 부각보다 타기 쉽다.

당귀

비교적 습한 땅에 나는 두해살이 또는 2~3년생 풀로서 식물 전체에 보랏빛이 돌며, 두툼한 뿌리는 물론 전초에서 한약재 특유의 강한 향기를 풍긴다. 꽃은 8~9월 중에 보랏빛으로 핀다. 우리나라 전역의 습기 있는 산골짜기에서 자라는데, 약으로 쓰기 위해 재배하는 곳도 많다.

모양이나 약효가 비슷한 기름당귀 · 왜당귀 · 바디나물 등과 구별하기 위해 '참당귀'라고도 하는데, 옛날에는 승엄초 · 승검초 · 승암초라고도 불렀다.

당귀(當歸)는 당(當)은 '당연하다', 귀(歸)는 '돌아간다'는 뜻을 담고 있는데, 이는 중국의 옛 풍습에서 유래했다고 한다. 옛날 중국에서는 남편이 전쟁터에 나갈 때 당귀를 품속에 넣어 주었는데 전쟁터에서 기력이 다해 죽게 되었을 때 당귀를 달여 먹으면 기운이 다시 회복돼 '당연히(當) 돌아올(歸) 수 있다'고 믿었기 때문이다.

이토록 좋은 약성을 가진 당귀는 식용으로도 쓰임새가 많다. 이른 봄에 돋아나온 어린 순을 따다가 생으로 먹거나 나물로 무쳐 먹는다. 튀김 · 볶음 · 죽 · 밥 다양한 방법으로 조리해 먹을 수 있다.

한약을 떠올리게 하는 짙은 향기에 약간 매운맛이 느껴지는데, 이 매운맛은 산나물의 풍미를 돋워 주는 요소가 되기도 한다. 향긋하고 씹히는 맛이 좋아 재배한 당귀의 잎은 식품점에서 쌈채로서도 인기가 높다. 쓴맛이 나지 않으므로 데쳐서 조리할 때는 가볍게 데쳐서 찬물에 한두 번 헹구면 된다.

대부분의 식물은 그 이름에 약성을 담고 있는데, 당귀는 몸속의 기(氣)와 혈(血)이 혼란해 병이 생겼을 때 이를 제자리로 돌아가게 하는 약성을 갖고 있는 것으로 알려져 있다. 특히 혈(血)과 관련된 질환에 두루 쓰여 왔는데, 주로 부인과 질환인 월경 불순이나 폐경에 좋은 효과를 나타낸다. 이와 관련된 '당귀(當歸)' 고사가 하나 더 있다.

옛날 새신부가 냉병이 있어 신랑에게 소박을 맞았는데 어떤 풀을 뜯어 먹고 냉병이 다

보랏빛이 도는 두툼한 꽃송이가
참당귀임을 구별하게 한다. 독특한 향이
영락없는 한약재다.

나아 시집으로 다시 돌아갔다고 한다. 이 풀을 먹으면 '당연히[當] 집으로 돌아간다[歸]'
라는 의미로 당귀로 쓰게 되었다고 한다.

이처럼 당귀는 무엇보다도 부인과 계통에 주로 쓰이는 긴요한 약이다. 자궁과 월경 관
련 질환이나 부인의 빈혈증 등을 고치고 개선하는 데 효력이 있다.

당귀겉절이

[재료] 당귀 200g, 양파 1/2개, 홍고추 1개, 부추 50g **[양념]** 고춧가루 · 간장 2큰술씩, 다진 파 · 통깨 · 참기름 1 큰술씩, 간장 1작은술, 다진 마늘1/2큰술, 소금 약간

1 당귀는 손질하여 깨끗이 씻은 뒤 소쿠리에 건져 물기를 뺀다. 2 양파는 채 썰고, 홍고추는 씨를 제거하여 채 썬다. 3 부추는 4cm 길이로 썬다. 4 양념 재료 중에서 참기름만 남기고 무침 그릇에 넣어 골고루 섞어 양념장을 만든다. 5 ④에 ①, ②, ③을 넣어 가볍게 섞은 뒤 참기름을 넣고 가볍게 무친다.

맛있는 Tip 생채는 싱싱하고 아삭한 맛을 그대로 살려 무치는 것이 기본. 재료가 숨이 죽지 않게 재빨리 무쳐야 한다.

당귀삼색무침

[재료] 당귀 300g, 홍고추 1개 **[참깨소스]** 참깨(간 것) 2큰술, 육수 · 다진 파 · 참기름 · 고운 소금 1큰술씩, 다진 마늘 1작은술

1 당귀는 한 줌씩 쥐고 억센 줄기를 다듬어 깨끗이 씻는다. 2 넉넉한 끓는 물에 굵은 소금을 1큰술을 넣고 살짝 데쳐 재빨리 찬물에 헹구어 물기를 꼭 짜서 먹기 좋게 자른다. 3 홍고추는 채 썬다. 4 곱게 간 참깨에 분량의 재료를 넣고 잘 개어 참깨소스를 만든다. 5 참깨 소스에 당귀를 넣고 붉은 고추채를 넣어 조물조물 무친다.

※ ①~③까지 과정은 동일하다. 양념만 바꾸어 조물조물 무치면 된다. 각 양념 분량은 당귀 300g 분량임.
[된장 양념] 된장 · 참기름 · 깨소금 · 다진 파 1큰술씩, 고추장 · 통깨 · 다진 마늘 · 잣가루1/2큰술씩, 소금 약간
[고추장 양념] 고추장 3큰술, 깨소금 · 다진 마늘 · 다진 파 · 참기름 1큰술씩

배초향

배초향은 경상도나 전라도 지방에서 '방아'라고 부르는데, 식물 분류상 방아풀이라 불리는 식물은 따로 있다. 전국적으로 널리 분포하며, 산과 들판의 양지쪽 다소 습한 풀밭에서 자란다. 마당에 한두 포기만 심으면 씨앗이 퍼져서 해마다 숱하게 번식하므로 요긴하게 식용·약용할 수 있다. 예전에 시골에서는 비린내 나는 그릇을 배초향 잎으로 설거지를 하기도 했다. 배초향에서는 강한 향기가 풍기기 때문에 처음 맛보는 사람은 다소 역겨움을 느끼곤 하지만 몇 번 먹으면 그 향취에 매료되고 만다. 독특한 향이 비린내를 눌러 주므로 추어탕·아구찜·생선찌개 등에 빠지지 않는 재료이다.

봄철의 어린잎은 유순하여 누구든지 날로 먹을 수 있으며, 초여름에도 싱싱한 잎을 따서 상추에 한두 잎씩 얹어 쌈싸 먹으면 식욕이 살아난다. 또 김치에 약간 썰어 넣으면 별미를 맛볼 수 있다. 잎을 마구 비벼 바싹 말렸다가 차(茶)로 우려 마시기도 한다.

배초향을 음식의 부재료로 즐기다 보면 자연스럽게 위액 분비가 촉진되어 소화력이 좋아지고, 일사병을 예방하는 효과가 있다. 또한 여름 감기·두통·복통·급성 위염·설사·종양에도 효과가 있다. 메스꺼움이나 구토증을 자주 느끼는 사람이 배초향 잎을 씹거나 달여 마시면 그 증세가 슬며시 없어진다.

여름철 꽃 필 무렵에 전초를 채취하여 날것을 짓찧거나 말려서 뭉근히 달여 자주 입가심하면 입 안이 개운하고 입냄새가 없어져 상쾌해지며, 구강 건강에 좋다. 특히 전초를 짙게 삶아 낸 약물을 욕조의 뜨거운 물에 붓고 몸을 푹 담그면 피로 회복에 좋다.

병충해가 없는 배초향은 화분에 심어 식용해 볼 만하다.

배초향나물

[재료] 방앗잎 300g [양념] 고추장 · 된장 · 잣 · 통깨 1
큰술씩, 깨소금 · 참기름 · 다진 파 1작은술씩

1 배초향 잎을 다듬어 씻어 끓는 물에 소금을 넣
어 데친 뒤 찬물에 헹궈 물기를 꼭 짠다. **2** 파는 송
송 썰고 잣은 키친타월을 깔고 칼끝으로 곱게 다
져 둔다. **3** 무침 그릇에 양념 재료를 넣고 골고루
섞는다. **4** ③에 ①, ②를 넣고 조물조물 버무린다.
입 안 가득 자연의 향이 느껴지는 나물이다.
맛있는 Tip 생김새는 들깨와 비슷하며 독특한 향
을 가진 대표적인 향신채이다. 봄에는 어린잎으로
나물을 하거나 볶아 먹고, 장떡의 재료로 쓰인다.
여름에는 쌈 재료가 되기도 하고 초가을에는 보라
색 꽃이 피면 부각을 만들고, 약간 뻣뻣한 잎으로
는 장아찌를 담근다.

배초향장떡

[재료] 배초향 200g, 풋고추 3개, 부침가루 1컵, 된장
1/2큰술, 고추장 1큰술, 물 1컵, 식용유 적당량

1 배초향은 잎과 연한 줄기를 깨끗이 손질하여 씻
은 다음 물기를 뺀다. **2** 배초향은 큼직하게 썰고,
풋고추는 어슷 썬다. **3** 부침가루에 된장, 고추장
을 넣고 물을 붓고 덩어리 없이 푼다. **4** 반죽에 배
초향과 풋고추를 넣어 가볍게 섞는다. **5** 팬을 달
구어 식용유를 두르고 ④의 반죽을 부어서 얇게
지져 낸다.

질경이

마구 짓밟혀도 다시 살아나는 끈질긴 풀이라는 뜻을 가진 질경이는 우리나라 전역의 산과 들, 풀밭과 길가, 빈터에서 흔히 자라는 여러해살이풀이다. 잎이 타원형으로 가운데가 움푹하게 들어갔는가 하면 한쪽이 불룩하게 튀어나와 '배부쟁이' 라는 별명도 있다. 마차 바퀴가 구르는 길을 따라 나므로 차전초(車前草)라고도 불린다. 유럽에서는 '그리스도의 발자취' 라고 하여 질경이 잎이나 씨를 신발 속에 넣고 길을 걸으면 아무리 많이 걸어도 발이 부르트지 않는다고 한다.

질경이는 민간요법에서 만성 간염 · 고혈압 · 부종 · 기침 · 변비 · 신장염 등의 갖가지 질병에 만병통치약처럼 두루 쓰인다. 오랜 세월 동안 구황 식물로 이용하면서 체득한 효과가 민간에 널리 알려진 것으로 생각된다.

명나라 지리서인 《성경통지(盛京通志)》에는 질경이를 조선과 만주 도처에서 나는 보편적인 잡초라고 기록하고 있다. "조선에서는 어린잎을 데쳐 나물 또는 국거리로 하고, 고기와 함께 기름 고추장에 삶아 먹고, 때론 맥분(麥粉)이나 메밀가루에 넣어 떡을 만들어 먹기도 한다."고 되어 있다. 이런 기록으로 보아 질경이는 오래 전부터 식용으로 널리 이용되었음을 알 수 있다.

질경이는 봄에서 초여름까지 꽃대가 자라기 전에 잎과 뿌리를 채취하여 된장국에 넣어 먹거나 나물, 소금 절임으로 이용한다. 생잎은 쌈으로 먹기도 하고, 데쳐서 묵나물로 저장했다가 겨울철에 먹기도 한다. 죽으로 쑤어 먹거나 다른 채소와 섞어 기름에 볶거나 튀겨 먹으면 식욕이 살아난다.

질경이 잎에는 플라보노이드와 타닌, 플라타긴이라는 배당체가 들어 있는데, 이중 플라타긴은 호흡기의 운동을 조절해 주어 기침을 멎게 하는 효과가 있다. 분비 신경을 자극 홍분시켜 기관지 점액과 소화액의 분비를 촉진하는 효과도 있다. 이뇨 작용이 뛰어나 몸속에 쌓여 있는 불필요한 수분을 배출하고 요소와 요산 등의 배설도 늘려 준다. 신장염 ·

질경이의 어린 싹

질경이의 씨앗인 차전자는 한방에서 매우 유용한 약재로
쓰인다. 차로 달여 마셔도 좋다.

급성 요도염 · 소변 불통에 쓰이고, 눈병을 다스리며, 충혈이나 노인성 백내장, 각막 혈관
보호, 각막염 등에도 효과가 있다. 사포닌을 함유하지 않은 진해 · 거담제로도 효과가 뛰
어나 소아의 백일해를 치료하는 데도 쓰인다. 간 기능을 강화하고 콜레스테롤을 낮추는
효과가 있어 최근에 는 암 세포가 진행하는 것을 80% 정도 억제해 준다는 결과도 보고되
었다. 질경이씨 또한 미국 FDA로부터 그 기능을 인정받아 기능성 식이섬유 보충제의 원
료로 이용되고 있다.

　질경이를 약용할 때는 뿌리째 뽑아 물에 씻은 뒤 그늘에서 말려 이용한다. 생잎을 그대
로 달이거나 짓이겨 뜨거운 물에 부어 차 대신 마셔도 좋은데, 이때 쑥을 첨가하면 더욱
맛있고 향기롭다. 질경이차는 이뇨 효과가 있어 다이어트에도 도움을 준다. 질경이를 넣
어 담근 술은 신경통에 효험이 있는 것으로 알려져 있다.

질경이김치

[재료] 질경이 300g, 양파(작은 것) 1개, 홍고추 2개 **[양념]** 찹쌀풀 · 고춧가루 3큰술씩, 까나리액젓 · 간장 · 물엿 1
큰술씩, 다진 마늘 2큰술, 다진 생강 1/2큰술, 통깨 1큰술, 굵은 소금 약간

1 질경이는 부드러운 것으로 손질하여 굵은 소금으로 살짝 간한다. 2 액젓에 찹쌀풀과 고춧가루를 넣어 되직하
게 갠 뒤 나머지 양념 재료를 넣고 골고루 섞어 김치 양념을 만든다. 3 양파는 반으로 갈라 얇게 채 썬다. 4 붉은
고추는 반으로 갈라 씨를 털어내고 송송 썬다. 5 ②의 김치 양념에 ③, ④를 넣고 골고루 버무린다. 6 질경이 사이
에 ⑤의 김치 양념을 얇게 펴 바르고 김치 통에 담고 손으로 꼭 눌러 준다.

질경이된장무침

[재료] 질경이 300g, [된장 양념] 된장 1큰술 · 참기름 · 깨소금 1큰술씩, 다진 파 · 다진 마늘 · 국간장 · 잣가루 1작은술씩

1 질경이는 다듬어 씻어 끓는 물에 소금을 넣고 데쳐 찬물에 헹궈 물기를 꼭 짠다. **2** 무침 그릇에 양념 재료를 모두 넣고 골고루 섞어 된장 양념을 만든다. **3** ②에 질경이를 넣고 조물조물 무친다.

※ 데친 질경이나물을 다른 방법으로 양념해 먹을 때도 과정은 동일하다. ② 과정에서 양념만 바뀐다.

[고추장 양념] 고추장 3큰술, 고춧가루 · 식초 · 설탕 · 깨소금 · 다진 파 1큰술씩, 다진 마늘 · 통깨 · 참기름 · 간장 1/2 큰술씩

질경이묵나물밥

[재료] 불린 쌀 1컵, 말린 질경이 100g [양념장] 간장 3큰술, 다진 양파 · 다진 당근 1큰술, 다진 마늘 · 다진 청양고추 1작은술, 참기름 · 소금 적당량

1 말린 질경이는 미지근한 물에 하룻밤 정도 담가 두었다가 10분 정도 삶은 뒤 뚜껑을 덮고 2시간 정도 두었다가 헹구어 다시 2시간 정도 찬물에 담가 묵은 냄새를 없앤다. **2** 냄비에 불린 쌀을 넣고 위에 질경이를 얹어 보통 밥보다 물을 약간 적게 부어 밥을 짓는다. **3** 양념장을 만들어 비벼 먹는다.

질경이묵나물고등어조림

[재료] 말린 질경이 200g, 고등어 1마리(400g), 양파 1개, 쪽파 5뿌리, 홍고추 · 풋고추 1개씩, 물 1컵 [양념장] 진간장 3큰술, 고춧가루 2큰술, 고추장 · 맛술 · 다진 마늘 · 물엿 1큰술씩, 된장 1/2큰술, 생강 1작은술, 후추 적당량

1 질경이를 삶아 손질한다. **2** 고등어는 두 장 뜨기로 4등분한다. **3** 양파는 굵게 채 썬다. **4** 양념장을 만든다. **5** 질경이를 냄비 바닥에 깔고 양파와 고등어를 얹은 뒤 양념장을 바른다. **6** 양념 그릇에 물을 넣고 부셔서 냄비에 붓는다. **7** 뚜껑을 닫고 센 불에서 5분 끓이다가 중간 불에서 10분간 익힌 뒤 뚜껑을 열고 센 불에서 국물을 졸이며 양념을 끼얹는다. **8** 국물이 자작해지면 썬 쪽파와 어슷 썬 고추를 얹어 색깔을 낸다.

비름

여름 더위가 시작되면 대부분의 산나물을 성숙해 잎이 질겨지고 향미가 떨어져 왕고들빼기순 정도가 부드러운 편에 속한다. 이때 가장 유용하게 먹을 수 있는 것이 비름이다.

비름은 인적이 있는 들판이나 집 근처 텃밭에서 흔하게 자라는 한해살이풀로, 봄부터 가을까지 흔히 만날 수 있는 야생초이다. 부드럽고 단맛이 감도는 품질 좋은 나물이다. 단백질·지질·당질·무기질과 각종 비타민이 풍부하게 들어 있다.

요즘은 한겨울에도 재배한 것을 단으로 묶어 파는 것을 흔히 볼 수 있는데, 제철 노지에서 한가롭게 자란 것이 줄기가 굵으면서도 부드럽고 맛이 진하다. 꽃이 맺힌 것도 나물로 먹을 수 있으므로 질긴 부분만 손질해서 이용한다. 볶은 고추장에 파를 조금 넣고 무쳐 먹는 것이 가장 일반적인 조리법이다.

한방에서는 비름의 약효에 대해 여러 가지로 서술하고 있다. 오래 먹으면 더위병에 걸리지 않으며, 몸이 가벼워지고, 병의 원인이 되는 나쁜 기운을 없애는 동시에 정신을 맑게 한다는 기록이 있다. 설사를 멈추는 작용도 있다. 다소 많이 먹어도 괜찮은 나물이다. 《채근담》에서는 비름나물에 대해 성질이 차서 염증을 가라앉히는 효과가 있어 피부병·눈병·종기에 좋으며, 뿌리는 해열과 해독 작용에 사용되었다고 전하고 있다.

거름 좋은 텃밭에서 흔히 볼 수 있는 비름 나물. 시설 재배가 많은 도시 근교 밭에서도 채취가 가능하다.

비름두부된장나물

[재료] 비름 300g, 두부 1/2모 [양념] 된장 · 들깨가루 · 참기름 1큰술씩, 다진 파 1작은술, 소금 약간

1 비름은 다듬어서 씻어 끓는 물에 소금을 넣어 데친 다음 찬물에 헹궈 물기를 짠다. **2** 두부는 마른 행주로 물기를 제거하여 으깨어 보슬보슬하게 만든다. **3** 무침 그릇에 양념 재료를 모두 넣고 골고루 섞는다. **4** ③에 ①과 ②를 넣고 조물조물 무친다.

비름들깨나물

[재료] 비름 300g, 쇠고기 100g, 들깨가루 2큰술, 육수 1/2컵, 굵은 소금 1큰술 [쇠고기 양념] 다진 마늘 1작은술, 고운 소금 1작은술 [육수] 마른 다시마(사방 5cm) 1장, 물 5컵, 무 · 양파 50g씩, 마늘 2톨, 표고버섯 1개, 대파 1/2뿌리

1 냄비에 물을 넣고 육수 재료를 모두 넣고 끓이다가 끓어오르면 다시마만 건져 내고 약한 불에서 20분 정도 끓인 다음 체에 밭쳐 육수를 만든다. **2** 비름을 손질하여 끓는 물에 소금을 넣어 데친 다음 찬물에 헹궈 물기를 짠다. **3** 쇠고기는 핏물을 제거하고 채 썰어서 마늘과 소금으로 간하여 프라이팬에 볶는다. **4** ③에 들깨가루를 풀어 넣고 끓인 뒤 ②의 비름을 넣어 국물이 자작하게 조린다.

쇠비름

쇠비름은 길가나 밭에서 왕성하게 자라는 몹쓸 잡초로 여겨지지만 예부터 온갖 병을 다스리는 유익한 식물로 인정받았다. 중국인들은 오래 전부터 밭에서 재배하여 채소로 즐긴다고 한다. 서양에서도 샐러드 재료로 활용한다고 한다.

물기가 많은 줄기가 밑동에서 갈라져 땅에 붙어 30cm 정도의 길이로 자라는데, 붉은 빛을 띤 줄기는 미끈하고 털이 전혀 없다. 꽃은 6월에서 가을까지 노랗게 피며, 열매는 꽃이 지고 난 뒤에 까맣게 익는다.

쇠비름은 '오행초(五行草)' 라고도 부르는데 이는 다섯 가지 색깔, 즉 음양오행설에서 말하는 다섯 가지 기운을 다 갖추었기 때문이다. 잎은 푸르고, 줄기는 붉으며, 꽃은 노랗고, 뿌리는 희고, 씨앗은 까맣다.

쇠비름에는 필수 지방산인 오메가3지방산이 100g당 300~400mg이나 될 정도로 풍부한 것으로 발려져 있다. 오메가3는 콜레스테롤 수치를 감소시켜 주며, 눈의 망막과 기억력 감퇴에 좋을 뿐더러 치매 예방에도 효과가 있어 수험생을 비롯한 학생들에게 이로운 성분으로 알려져 있다. 오메가3는 주로 등푸른 생선에 포함되어 있고, 식물 중에도 동백이나 견과류 등에 들어 있는데, 잡초로 인식되던 쇠비름에 매우 풍부하게 들어 있다니 새삼스럽다.

쇠비름은 봄부터 가을까지 연한 순이 계속 자라나오는데, 잎과 줄기를 뜯어다 데쳐서 찬물에 우린 뒤 고추장 양념에 무치면 먹을 만하다. 잎과 줄기를 아주 연한 소금물에 살짝 데쳐 햇볕에 바싹 말려 묵나물로도 활용할 수 있다.

옛글을 보면 쇠비름은 나물로 오래 먹으면 장수한다고 하여 장명채(長命菜)라 불리기도 했으며, 또한 늙어도 백발이 생기지 않는다고 했다. 몸속의 나쁜 기운을 청소해 주므로 몇 번 먹으면 당장 피부가 고와지는 것을 느낄 수 있다고 한다.

쇠비름 잎과 줄기, 뿌리를 달여 음료처럼 마시면 몸이 개운해진다고 한다. 저혈압 ·

생명력 강한 잡초로만 인식되어 온
쇠비름. 하지만 우수한 영양 성분과 연한
질감이 세계인의 식탁에 오르는
비결이다.

대장염·근골통·폐결핵·관절염에는 생즙을 내어 소주 잔으로 하루 2회 이상 복용하는 것이 좋으며, 생즙을 피부 질환에 발라도 효과적이다. 독충에 물렸을 때나 상처·습진·종기 등에 생잎을 짓찧어 붙이면 살균 작용을 하여 상처가 빨리 회복되는 것으로 알려진다.

쇠비름은 오행초나 장명채 말고도 도둑풀·말비름 등의 별명을 지니고 있다. 밭을 맬 때 뿌리채 뽑아 버려도 버려진 잡초 더미 위에서 푸르게 살아 있는 것을 볼 수 있다. 강한 생명력만큼이나 쓸모 있는 야생초다.

쇠비름나물

[재료] 쇠비름 300g [양념] 된장 · 참기름 · 깨소금 · 다진 파 1큰술씩, 고추장 · 통깨 · 다진 마늘 1/2큰술씩

1 쇠비름을 다듬어 씻어서 끓는 물에 소금을 넣고 30초 정도 살짝 데쳐 찬물에 헹궈 소쿠리에 건져 물기를 꼭 짠다. **2** 무침 그릇에 양념 재료를 넣고 골고루 섞는다. **3** ②에 쇠비름을 넣고 조물조물 무친다.
맛있는 Tip 쇠비름은 소금물에 데쳐 말렸다가 묵나물로도 이용한다.

쇠비름수제비

[재료] 쇠비름 200g, 밀가루 1컵, 된장 · 국간장 · 다진 마늘 · 다진 파 1큰술씩, 호박 50g, 고추장 1작은술, 소금 약간 [육수 재료] 마른 다시마 5cm, 국물멸치 30g, 물 5컵, 무 · 양파 50g, 마늘 2톨, 표고버섯 1개, 대파 흰 뿌리 1개

1 찬물에 육수 재료를 넣고 끓이다가 다시마는 건져 내고, 10분 정도 더 끓여 국물을 체에 받쳐 둔다. **2** 쇠비름은 다듬어 씻은 다음 체에 받쳐 놓는다. **3** 밀가루에 소금을 넣어 체에 내려서 수제비 반죽을 하고, 호박은 반달 모양으로 썬다. **4** ①의 육수에 된장과 고추장을 푼 뒤 끓으면 반죽을 얇게 떼어 넣고, 쇠비름과 호박, 마늘을 넣어 끓인다. **5** 수제비 반죽이 익으면 부족한 간을 소금으로 마무리한다.

쇠비름겉절이

[재료] 쇠비름 300g, 홍고추 1개, 당근 30g, 검은깨 **[양념장]** 고춧가루 2큰술, 까나리
액젓 · 다진 파 · 통깨 1큰술씩, 다진 마늘 1/2큰술, 참기름 · 설탕 1작은술씩

1 쇠비름을 다듬어 찬물에 깨끗이 씻어서 소쿠리에 건져 물기를 뺀다. **2** 고추와 당근
은 채 썬다. **3** 무침 그릇에 양념 재료를 넣고 골고루 섞은 뒤 ①과 ②를 넣고 버무린다.

명아주

명아주는 예전부터 즐겨 먹어 온 나물 가운데 하나로, 우리나라 전국 각지의 밭 근처, 들판, 산기슭에서 흔하게 볼 수 있는 1년생 풀이다. 풀이 적게 나는 기름진 땅이면 어디서든지 잘 번식한다. 전 세계적으로 분포하며, 우리나라에는 약 7종 정도가 자라는 것으로 알려져 있는데, 크게 새순의 속잎이 보라색과 흰색을 띠는 두 종류로 나눌 수 있다. 보랏빛의 명아주는 는쟁이, 흰것은 흰는쟁이로 불리는데, 주로 식용하는 것은 흰명아주다. 예부터 죽의 재료나 국거리로 많이 쓰여 '갱채(羹菜)'로 불려 왔고, 굶주림을 달래는 구황식물로 인정받아 왔다. 영어로는 'Goosefoot'이라 부르는데 그 이유는 잎이 거위의 발을 닮았기 때문이다.

봄철에 많이 먹는 나물이지만, 봄에만 싹이 트는 것은 아니고, 여름철 장마가 지나간 뒤나 김장 씨앗을 묻는 초가을에도 연한 새순이 솟아 있는 것을 볼 수 있다. 연할 때 뜯어서 가볍게 삶아 시금치나물 요리하듯이 무쳐 먹으면 시금치 비슷한 맛에 한결 부드러운 질감을 느낄 수 있다. 사시사철 밥상에 오르는 건강 채소 시금치도 실은 명아주과에 속한다.

단백질과 비타민이 풍부하며, 민간에서는 잎과 줄기를 충독(蟲毒) 개선, 백전풍 등의 다양한 증상에 약재로 써 왔다. 다만, 명아주를 과식했을 때 체질에 따라 일광피부염(강한 햇볕을 받으면 얼굴이 달아오르고 피부가 부어오르며 문드러지는 증상)이 생길 수도 있다는 점을 유의해야 한다.

한방에서는 꽃이 피기 전에 잎과 줄기를 채취해서 약재로 삼는다. 잘 말려두었다가 뭉근히 달여서 식후에 복용하면 고혈압·인후 통증·대장염·설사 등에도 효험이 있는 것으로 밝혀졌다. 또 충치의 통증이 있을 때 잎을 씹든지 달인 물을 입 안에 오래 머금고 있으면 그 아픔이 가라앉으며, 독충에 물렸을 경우 생잎을 짓찧어 붙이면 해독이 되고, 상처에도 응급 조치용으로 이용했다.

식용으로 좋은 흰명아주

잎이 길쭉하여 다른 품종처럼 보이지만 맛과 영양소는 모두 비슷하다.

명아주의 색다른 이용법

　‘청려장(靑藜杖)’은 명아주 줄기로 만든 지팡이를 말한다. 한해살이풀답지 않게 그 줄기가 아주 단단하고 매끈하며 속이 비어 있어 가벼우며, 자연스러움이 주는 기품이 있어 세밀한 가공 과정을 거치면 몇 십 년을 거뜬히 사용할 수 있다. 명나라의 이시진(李時眞)이 지은 《본초강목》에 "청려장을 짚고 다니면 중풍에 걸리지 않는다."라는 기록이 있고, 우리 선조들도 신경통 치료에 효과가 뛰어난 지팡이로 여겼다. 통일신라시대부터 장수 노인들의 상징으로 여겨질 만큼 역사가 오래되었다. 1999년 봄, 영국 여왕 엘리자베스 2세가 안동 하회마을 방문했을 때 고희를 넘긴 기념으로 청려장을 선물 받고는 "탐스럽고 가벼워서 좋다."고 호평한 것으로 전해진다.

명아주나물

[재료] 명아주 300g, 들기름 1큰술 · 다진 파 1큰술, 통깨 1/2큰술 [양념] 국간장 · 깨소금 · 참기름 · 다진 파 1큰술씩, 다진 마늘 1/2큰술, 소금 약간

1 명아주를 다듬어 씻어 끓는 물에 소금을 넣어 데친 다음 찬물에 헹군 뒤 물기를 꼭 짜 둔다. 2 무침 그릇에 양념 재료를 모두 넣어 골고루 섞는다. 3 달구어진 팬에 들기름을 두르고 ②의 명아주를 볶은 다음 파와 통깨를 넣고 마무리한다.

나물 맛 내기
• 나물 무칠 때 다진 쪽파는 나물의 풋냄새를 없애 준다.
• 채소를 볶을 때는 센 불에서 빠르게 볶아야 색과 싱싱한 맛이 유지된다.
• 초무침을 할 때 레몬즙을 함께 넣으면 향긋함이 오래간다.

나물 보관하기
• 나물을 오래 두고 먹으려면 삶아서 찬물에 헹군 뒤 물과 함께 냉동실에 얼려 보관하면 1년 정도 먹을 수 있다.
• 나물은 씻지 말고 그대로 신문지에 싸서 뿌리 쪽을 아래로 세워서 냉장고에 보관한다.
• 줄기채소와 뿌리채소는 냉장고에 세워서 보관한다.
• 머위나 고사리 종류는 냉장고에 보관하면 말라서 굳어지므로 살짝 데쳐서 보관한다.
• 두릅은 비닐봉지에 숨구멍을 2~3곳 뚫어 냉장고에 넣어 두면 일주일 정도는 싱싱하다.

명아주된장국

[재료] 명아주 300g, 두부 1/2모, 청 · 홍고추 1개씩, 된장 2큰술, 대파 5cm, 육수 5컵 **[다시마 육수]** 마른 다시마(사방 5cm) 1장, 물 6컵, 무 · 양파 50g씩, 마늘 2톨, 표고버섯 1개, 대파 1/2뿌리

1 명아주를 손질하여 깨끗이 씻은 다음 물기를 제거한다. 2 다시마 육수를 미리 만들어 놓는다. 3 두부는 3~3cm로 깍둑썰기하고, 대파는 어슷 썰며, 고추는 송송 썬다. 4 냄비에 육수를 넣고 된장을 풀어 넣은 뒤 끓으면 명아주와 두부를 넣고 끓인다. 5 대파와 고추를 넣고 소금으로 간을 맞춘다.

맛있는 Tip 된장국은 된장 맛이 국맛을 좌우한다. 햇된장이 묵은 된장보다 맛있지만 묵은 된장이 항암 효과는 더 크다. 토장국은 쌀뜨물로 끓여야 구수한 맛이 난다. 만일 잔류 농약이 걱정된다면 쌀가루나 찹쌀가구를 빻아 냉동실에 두고 1큰술 정도 물에 풀어 넣으면 쌀뜨물 효과가 있다.

왕고들빼기

전국 각지의 낮은 산이나 들판에서 흔히 볼 수 있는 왕고들빼기는 야외에서 채소 대용으로 요긴하게 활용할 수 있는 야생초다. 쓴맛이 나는 줄기와 잎은 상추 대용 쌈채로, 겉절이로, 또 데쳐서 갖은 양념에 무쳐 나물 반찬으로 충분히 활용할 수 있다.

왕고들빼기의 생김새는 눈에 얼른 띌 정도로 특이해서 한 번 보고 나면 얼마든지 채취하여 식용할 수 있다. 자라는 곳도 사람의 손길이 미치는 지역에 있으므로 쉽게 채취할 수 있다. 봄에는 한 뼘 가량 자란 어린잎이 맛이 좋고, 여름과 가을에는 생장점이 되는 위쪽의 새 잎을 먹을 수 있다.

왕고들빼기의 쓴맛은 소화력을 향상시키며, 짙은 엽록소는 유익한 작용을 한다. 최근 연구 결과에 의하면 엽록소에 항암 작용이 있는 것으로 밝혀지고 있다.

계절에 관계 없이 뿌리를 캐서 말렸다가 몸이 지근거릴 때 달여서 자주 마시면 몸이 개운하게 풀리는 것을 느낄 수 있다. 뿌리 달인 물은 감기·편도선염·인후염·유선염 등에 효과가 있다.

줄기는 곧게 서서 1.5~2m 높이까지 훤칠하게 커지며 가지를 치지 않는다. 봄에 중간을 꺾었을 때는 곁가지가 사방으로 나와 곧게 자란다.

꽃은 흰빛에 가까운 노란빛인데, 7~9월 사이에 오래도록 피고 진다. 전국 각지의 풀밭에서 자란다.

모양새가 특이해서 한 번 보면 해마다 채취할 수 있다. 한여름 키가 큰 것이라도 새 잎은 매우 연하다.

왕고들빼기조갯살무침

[재료] 왕고들빼기 300g, 조갯살 100g, 잣가루 1큰술, 검은깨 약간 **[초고추장 양념]** 고추장 2큰술, 식초 · 통깨 · 설탕 · 다진 파 1큰술씩, 다진 마늘 1/2큰술, 소금 약간

1 왕고들빼기는 지저분하고 억센 잎을 떼어 낸 뒤 깨끗이 씻는다. 2 끓는 소금물에 데쳐 찬물에 헹군 뒤 다시 찬물에 30분 정도 담가 쓴맛을 우려낸 뒤 물기를 꼭 짠다. 3 조갯살은 소금물에 데친 뒤 물기를 제거한다. 4 잣은 키친타월을 깔고 곱게 다져 둔다. 4 양념 재료를 한데 고루 섞어서 초고추장 양념을 만든다. 5 ②, ③, ④를 그릇에 모아 담고 초고추장 양념을 넣어 조물조물 무친다.

맛있는 Tip 왕고들빼기도 쓴맛이 입맛을 돋우는 것이 특징이다. 비슷한 시기에 방가지똥을 채취할 수 있는데 같은 방법으로 요리해 먹으면 된다. 연한 잎으로 쌈을 싸 먹어도 민들레처럼 별미다.

도라지

7~9월 사이에 남보랏빛의 꽃을 피우는 도라지는 우리 민족과 함께 해 온 역사가 긴 나물이자 약재다. 뿌리를 주로 먹는데 싹이 봄이나 가을에 캐서 날것으로 요리해 먹거나 나물로 만들어 먹는다. 섬유질이 풍부한 뿌리에는 당질 · 철분 · 칼슘이 많고 사포닌이 함유되어 있어 약재로도 쓰인다. 한방에서는 길경(桔梗)이라고 하여, 인후통 · 치통 · 설사 · 편도선염 · 거담 · 진해 · 기관지염 등에 두루 쓰인다.

도라지는 우리나라 전역 산이나 들판의 양지쪽 풀밭에서 잘 자란다. 꽃이 아름다워 화단에 관상용으로 가꾸기도 하고, 대량 재배하여 농가의 주요 소득원으로 삼기도 한다. 꽃은 남보랏빛과 흰 것 두 종류인데, 우리 전래 민요에 나오는 '심심산천에 백도라지'는 흰 꽃이 피는 도라지를 일컫는 것이다.

도라지는 길고 곧은 뿌리의 맛이 워낙 뛰어나 뿌리만 먹는 것으로만 아는 경우가 대부분이지만 연한 줄기와 잎도 나물로 조리해 먹는다. 옛 기록에 의하면, 도라지는 뿌리 · 잎 · 줄기를 나물로 삼아 일 년 내내 먹는다고 했다. 실제로 어린잎을 비벼서 냄새를 맡아 보면 도라지 뿌리 냄새가 코에 닿는다. 어린잎을 데쳐 나물로 무쳐 먹기도 하고 겉절이나 튀김 재료로 활용하기도 한다. 또 뿌리와 잎, 줄기를 한꺼번에 살짝 쪄서 묵나물로 말려 두었다가 겨울철 별미로 먹는 방법도 있다.

도라지 뿌리는 맛도 좋고 나물로 했을 때 흰색이 아름다워 제사상에 올리는 삼색 나물에 빠져서는 안 되는 나물이다. 된장이나 고추장 속에 박아 장아찌로 먹기도 하고, 고기와 파와 함께 대꼬치에 꽂아 산적을 만들어 먹으며, 도라지잡채나 정과의 재료로도 활용된다.

도라지 뿌리는 소중한 약재다. 감기는 물론 가래가 끓고 심한 기침이 나오며 숨이 찬데, 또 가슴이 답답하고 목안이 아프고 목이 쉬는 등의 호흡기 질환에 쓰인다. 일시적으로 혈압을 낮추기도 하며 고름을 빨아내는 성질이 있다. 민간에서는 급성 기관지염에 도

밭에서 탐스럽게 자라는 도라지

도라지꽃

라지를 진하게 달여 설탕을 적당히 넣고 먹는 경우가 있고, 만성 기관지염에는 오미자와 앵두를 추가하여 끓여 먹기도 한다.

약리학적인 실험에 의하면 진정·진통·해열 작용 및 혈압을 내리게 하고 소염 작용이 있으며, 위액 분비를 억제하고 궤양에도 좋은 효과를 내는 것으로 밝혀져 있다. 한방에서는 폐에 작용하여 폐기를 소통시키는 가장 중요한 약으로 사용되어 가래가 많이 생기는 기침과 인후통 등에 많이 사용한다.

도라지 뿌리가 인삼을 닮았으며 사포닌 성분 또한 풍부하여 각종 생활습관병에 특효약처럼 여기기도 하지만 도라지만의 특성을 제대로 활용하는 지혜가 필요하다.

야생의 도라지는 땅속 깊이 뿌리를 박고 있어서 캐는 데 어려움이 있다. 봄과 가을에 캐는 것이 영양 면에서나 맛으로 보나 가장 좋지만, 꽃을 보기 전에는 어떤 게 도라지인지 분별하기가 쉽지 않다. 만일 산에 자주 다니는 사람이라면 여름에 꽃을 보고 장소를 확인해 두었다가 가을에 캐는 방법을 쓰는 것이 좋다.

도라지생채

[재료] 도라지 200g, 굵은 소금 1큰술, 고춧가루 1큰술
[초고추장 양념] 고추장 3큰술, 식초 · 매실청 · 깨소금 · 다진 파 1큰술씩, 설탕 · 다진 마늘 · 통깨 · 생강즙 · 간장 1/2큰술씩

1 도라지는 먹기 좋게 손질하여 굵은 소금으로 주물러 쓴맛을 뺀 뒤 헹구어 찬물에 담갔다가 물기를 제거한다. **2** 무침 그릇에 도라지를 담고 고춧가루만 넣은 뒤 도라지를 넣고 고루 무쳐서 빨갛게 물을 들인다. **3** 초고추장 양념 재료를 한데 모아 골고루 섞어 양념장을 만든다. **4** ②에 ③을 넣고 조물조물 무친 뒤 먹기 직전에 통깨를 살짝 뿌린다.

※ 기호에 따라 참기름을 마지막 단계에 넣어 먹는다.

도라지차

[재료] 도라지 3뿌리, 배 1개, 물 3컵, 꿀(흑설탕) 적당량

1 도라지는 머리 부분을 잘라 내고 손질하여 껍질째 잘 씻고, 배는 깨끗이 씻은 뒤 씨가 있는 속을 파낸다. **2** 주전자에 물과 도라지, 배를 넣고 중간 불에서 끓이다가 물이 끓어오르면 약한 불에서 30분 이상 은근하게 끓인다. **3** 기호에 따라 꿀이나 설탕을 넣어 마신다.

맛있는 Tip 속을 파낸 배에 도라지와 꿀을 넣고 쪄서 물만 마시는 방법도 있고, 도라지를 가루를 내어 차처럼 타 마시는 방법도 있다. 대추나 감귤 껍질을 넣고 달이기도 한다. 증상이나 기호에 따라 여러 모로 활용할 수 있다.

도라지나물

[재료] 도라지 200g, 굵은 소금 1큰술, 식용유 1큰술 , 다진 마늘 1작은술, 고운소금 1/2작은술, 다진 파 1큰술, 검은깨 약간

1 도라지는 먹기 좋게 손질하여 굵은 소금으로 주물러 쓴맛을 뺀 뒤 헹구어 찬물에 담갔다가 물기를 제거한다.
2 팬에 식용유를 두르고 다진 마늘을 넣어 볶는다. 3 ②에 도라지를 넣고 고운소금으로 간하여 볶은 뒤 파와 검은깨를 섞어 준다.
맛있는 Tip 도라지는 잔뿌리를 떼고 칼로 껍질을 벗겨 물에 헹군 다음 잘게 찢어서 소금을 뿌리고 바락바락 주물러 씻어 쓴맛을 빼는 것이 중요하다.

도라지순초고추장나물

[재료] 도라지순 300g, 홍고추 1/2개, 굵은 소금 1큰술 [초고추장 양념] 고추장 3큰술, 고춧가루 · 다진 파 · 식초 · 매실청 · 깨소금 1큰술씩, 다진 마늘 · 설탕 · 생강즙 · 간장 · 통깨 1/2큰술씩

1 도라지순은 연한 부분을 골라서 끓는 물에 소금을 넣고 데친 뒤 찬물에 헹구어 물기를 꼭 짠다. 2 홍고추는 송송 썬다. 3 무침 그릇에 양념 재료를 넣고 골고루 섞어서 양념장을 만든다. 4 ③에 도라지순과 고추를 넣고 조물조물 무친다.

도라지순나물

[재료] 도라지순 300g, 굵은 소금 1큰술 [양념장] 국간장 · 참기름 · 깨소금 · 다진 파 1큰술씩, 다진 마늘 · 통깨 1/2큰술씩, 소금 약간

1 도라지순은 연한 부분을 골라서 끓는 물에 소금을 넣고 데친 뒤 찬물에 헹구어 물기를 꼭 짠다. 2 무침 그릇에 양념 재료를 넣고 골고루 섞어 양념장을 만든다. 3 ②에 데친 도라지잎을 넣고 조물조물 무친다.

도라지순고추장나물

[재료] 도라지순 300g, 홍고추 1/2개 [양념] 고추장 2큰술, 고춧가루 1큰술, 다진 마늘 1작은술, 다진 파 · 설탕 · 매실청 · 통깨 · 참기름 1큰술씩

1 도라지순은 연한 부분을 골라서 끓는 물에 소금을 넣고 데친 뒤 찬물에 헹구어 물기를 꼭 짠다. 2 홍고추는 송송 썬다. 3 무침 그릇에 양념 재료를 넣고 골고루 섞어서 양념장을 만든다. 4 ③에 도라지순과 고추를 넣고 조물조물 무친다.

도라지순샐러드

[재료] 도라지순 100g, 햄 · 오이 · 당근 30g, 양파 15g, 잣 1큰술 **[소스]** 올리브오일 2큰술, 발사믹식초 1큰술, 레몬 · 설탕 · 양파즙 1/2큰술씩, 소금 · 후추 약간

1 도라지순은 손질하여 깨끗이 씻은 뒤 소쿠리에 건져 물기를 뺀다. 2 물기가 남아 있으면 면행주로 싸서 가볍게 흔들어 물기를 제거한다. 3 햄과 채소는 4cm 길이로 썬다. 4 뜨겁게 달군 팬에 햄을 살짝 볶는다. 5 접시에 재료를 섞어 담는다. 6 소스 재료를 골고루 섞어서 소스를 만들어 ⑤의 채소 위에 끼얹는다.

더덕

더덕은 깊은 산 토질이 좋은 곳에 자생하는 것으로 알려져 있지만 요즘은 재배를 많이 하고 있다. 토질에 따라 영양 성분의 함량이나 맛과 향기가 달라지기 때문에 가능한 한 산과 비슷한 환경을 만들어 재배하는 농가가 많다.

더덕은 우리나라에서만 먹어 온 나물로,《해동역사(海東歷史)》에 고려시대에 더덕을 나물로 만들어 먹었다는 기록이 있다.

더덕은 도라지와 비슷하지만 도라지보다 향기가 진하고 살이 연해 귀한 대접을 받아 왔다. 씹히는 질감이며 향기와 맛이 좋아 '산에서 나는 고기'라는 별명을 얻고 있다. 더덕 뿌리에는 섬유질이 풍부하고 칼슘과 인을 비롯한 무기질과 비타민이 풍부하다. 껍질을 벗길 때 나오는 하얀 진액은 사포닌 성분으로, 쓴맛의 원인이 되며 폐의 기운을 돋우는 효과가 있다. 이 때문에 더덕도 도라지와 마찬가지로 기관지나 폐와 관련된 질환을 치료하는 데 사용되었다.

더덕은 연한 순도 훌륭한 산나물 재료로 이용된다. 5~6월 중에 어린잎과 덩굴 줄기 끝부분을 채취하여 날것 또는 나물로 곁들이면 그윽한 더덕 내음이 입맛을 돋운다.

더덕은 방망이로 두드려 보풀이 일게 한 뒤 찢어서 생채로 무쳐 먹어도 맛있고, 고추장 양념구이를 해도 별미다. 껍질 벗긴 더덕을 꾸덕꾸덕하게 말린 뒤 고추장에 박은 더덕장아찌는 귀한 음식이다. 간혹 산에서 캔 오래 묵은 더덕에 물이 고여 있는 것을 볼 수 있는데 이것은 귀한 약으로 대접받는다.

맛이 좋은 더덕이지만 껍질을 벗길 때 나오는 끈적끈적한 진액은 한번 손에 달라붙으면 금방 없어지지 않기에 손질을 꺼려하는 주부도 많다. 이럴 땐 수세미로 더덕 외부를 박박 문질러 씻은 뒤 끓는 물에 4~5초 동안 담그면 껍질을 벗기기가 한결 수월해진다.

더덕은 해열·해독 작용이 있으며 과잉된 콜레스테롤을 저하시키고 혈압을 낮춰 주는 효과가 있다. 갈증을 다스리고 폐와 비장, 신장을 튼튼히 하는 효험이 있는 것으로도 알

덩굴을 이루는 더덕 순. 뿌리뿐만 아니라
연한 줄기와 잎도 맛이 뛰어난 나물이다.

려져 있다. 민간에서는 상처나 종기에 뿌리를 으깬 즙을 바르면 효과가 있다는 응급 조치
법이 전해진다.

　굳이 약으로 만들어 먹을 것이 아니라 생활 속에서 음식으로 자주 먹으면 더덕의 효능
을 충분히 누릴 수 있을 것이다.

더덕구이

[재료] 더덕 300g, 잣 2큰술 **[유장]** 간장 1큰술, 참기름 2큰술 **[양념장]** 고추장 물엿 3큰술씩, 고춧가루 · 다진 마늘 1큰술씩

1 껍질 벗긴 더덕을 도마 위에 놓고 방망이로 자근자근 두들겨 편다. 2 잣은 곱게 다진다. 3 더덕에 유장을 넣고 무쳐서 잠시 간이 배게 둔다. 4 양념장을 만들어 ③의 더덕을 넣고 조물조물 무친다. 5 달군 팬에 식용유를 조금 두르고 양념장에 잰 더덕을 펼쳐 놓고 앞뒤로 타지 않게 살짝만 굽는다. 6 접시에 담고 잣가루를 뿌린다.

맛있는 Tip 기름장에 잰 더덕은 양념장을 발라 약한 불에 살짝 구워야 타지 않는다. 기름을 두르고 살짝만 구워야 씹었을 때 더덕 향이 더 잘 살아 있다. 양념에 설탕을 넣으면 끈끈해서 타기 쉬우므로 물엿이나 올리고당을 넣는 것이 좋다. 프라이팬에 굽는 것보다 석쇠에 굽는 것이 더덕의 담백한 맛을 살릴 수 있다.

더덕산적

[재료] 더덕 100g, 쇠고기 50g, 실파 6뿌리, 땅콩가루 · 참기름 1큰술, 소금 1작은술 **[불고기 양념]** 간장 3큰술, 설탕 · 청주 · 다진 파 · 다진 마늘 1큰술씩, 깨소금 · 참기름 1작은술씩. 후추 · 배즙 약간

1 껍질 벗긴 더덕을 6cm 길이로 2등분하여 방망이로 두들긴 뒤 소금물에 담근다. **2** 실파는 6cm 길이로 썰어 참기름과 소금으로 밑간하고, 쇠고기는 7cm로 썰어 불고기 양념으로 밑간한다. **3** 준비한 더덕과 실파, 쇠고기를 대꼬치에 번갈아 가면서 꿴다. **4** 땅콩가루를 다져 놓는다. **5** 달군 팬에 기름을 두르고 ③을 노릇하게 지져 낸 뒤 땅콩가루를 뿌린다.

맛있는 Tip 더덕은 씹는 맛이 독특한데, 오래 씹을수록 향을 더 잘 느낄 수 있다.

섭산삼

[재료] 더덕 100g, 찹쌀가루 1컵, 설탕1큰술, 소금1/2작은술, 식용유

1 껍질 벗긴 더덕을 물에 담가 아린 맛을 뺀 뒤 면보로 눌러 물기를 없앤다. **2** 손질한 더덕을 나란히 펴 놓고 소금을 골고루 뿌린다. **3** ②에 찹쌀가루를 묻힌 뒤 여분의 가루는 털어 낸다. **4** 170℃의 기름에 찹쌀가루를 묻힌 더덕을 넣어 노릇하게 튀긴다. **5** 튀김이 뜨거울 때 설탕을 뿌려 접시에 담는다.

맛있는 Tip 더덕의 쓴맛을 우려내기 위해서는 껍질을 벗겨 깨끗한 물에 담가 두어야 한다. 특히 3~4월에 늦게 캔 것은 여러 날 우려야 쓴맛이 빠진다.

더덕장아찌

[재료] 더덕 10뿌리 [장아찌 양념] 설탕 1큰술, 고추장 3컵 [무침 양념] 참기름 · 통깨 적당량

1 더덕을 껍질을 벗기고 손질하여 설탕물에 30분 정도 담가 놓는다. **2** ①의 더덕을 한나절 꾸덕꾸덕하게 말려 베보자기에 넣고 고추장에 박아서 2~3개월 둔다. **3** 먹을 때 결대로 쭉쭉 찢어서 참기름과 통깨로 버무려 먹는다.

더덕삼색생채

[재료] 더덕 300g [고춧가루 양념] 고춧가루 1큰술, 고추장 1/2큰술, 설탕 · 식초 · 통깨 1작은술씩 [간장 양념] 간장 1큰술, 설탕 · 식초 · 참기름 · 통깨 1작은술, 소금 약간 [참깨소스] 참깨(간 것) 2큰술, 육수 · 다진 파 · 참기름 · 고운소금 1큰술씩, 다진 마늘 1작은술

1 껍질 벗긴 더덕을 하루 정도 꾸덕하게 말린 뒤 도마에 놓고 방망이로 자근자근 두드려 결을 따라 잘게 찢어 3등분한다. **2** 고춧가루로 양념분은 더덕에 고춧가루만 먼저 넣어 주물러서 붉은 물을 들인 다음 나머지 양념을 넣어 다시 조물조물 무친다. **3** 간장 양념분은 양념 재료 중에서 참기름과 통깨를 빼고 양념장을 만들어서 더덕을 조물조물 무쳐 간이 밴 뒤 참기름과 통깨를 뿌려 낸다. **4** 참깨소스는 재료 중에서 참기름만 빼고 양념장을 만들어 더덕을 조물조물 무쳐 참기름으로 맛을 낸다.

더덕생채

[재료] 더덕 10뿌리, 고춧가루 1큰술 [초고추장 양념] 고추장 2큰술, 식초·통깨·설탕·다진 파 1큰술씩, 다진 마늘 1/2큰술, 소금 약간

1 껍질 벗긴 더덕을 하루 정도 꾸덕하게 말린 뒤 도마에 놓고 방망이로 자근자근 두드려 결을 따라 잘게 찢는다. 2 ①의 더덕에 고춧가루를 넣어 버무려 더덕에 붉은색을 들인다. 3 초고추장 양념을 만들어 더덕을 넣고 조물조물 무쳐 양념이 고루 배게 한다. 4 마지막으로 송송 썬 실파, 통깨를 뿌리고 소금으로 간을 마무리한다.

맛있는 Tip 더덕에 물기가 많으면 두들길 때 부서지고, 무쳐 놓으면 물이 생긴다. 채반에 널어 하루 정도 꾸덕꾸덕하게 말려 쓰면 좋다.

죽순

아삭아삭 씹히는 질감이 독특하고 맛이 개운하여 해물과도 잘 어울리고 고기와도 잘 어울려 중화요리에 많이 쓰이는 죽순. 흔히 통조림으로 맛볼 수 있지만 대나무 밭이 흔한 남도 지방에서는 제철에 나오는 죽순을 별미 음식이자 보약으로 여긴다.

죽순은 대나무의 싹으로, 왕대·솜대·맹종죽의 순을 먹는데 종류에 따라 독특한 맛의 차이가 있다. 죽순은 초봄, 키가 40~50cm 자랐을 때 가장 맛있다. 하지만 날것에는 '시아노겐' 이라는 유독 물질이 들어 있으므로 반드시 익혀 먹어야 한다. 또한 캔 뒤에도 성장하므로 가능한 빨리 조리하는 것이 좋다. 쌀뜨물에 삶으면 산화가 억제되고, 쌀겨 속 효소가 죽순을 부드럽게 하고 아린 맛을 없애 준다.

독특한 식감은 풍부한 섬유질 때문이며, 단백질과 수분이 풍부하고, 탄수화물과 칼슘, 무기질 비타민이 소량 들어 있다. 죽순의 단백질의 약 70%는 티로신·아스파라긴·콜린 등으로, 당류나 유기산 등과 어울려 죽순 고유의 감칠맛을 나게 한다.

죽순의 섬유질은 장의 활동을 도와 변비·치질·대장암 등을 예방하는 효과가 기대된다. 또한 콜레스테롤 수치를 낮추어 주어 고혈압, 동맥경화 등 생활습관병 개선에 좋다.

죽순을 밥에 넣으면 죽순밥이 되고, 국에 넣으면 죽순국이 된다. 죽순을 끓여 차를 마시기도 한다. 살짝 데쳐서 초고추장에 찍어 먹는 죽순회도 맛이 있다.

죽순은 서구화된 식생활에 큰 도움이 되는 저칼로리 식품이다. 비만을 포함한 각종 퇴행성 질환 예방과 치료에 식이섬유의 탁월한 효과가 입증되면서 미래 식생활에 적합한 식품으로 평가되고 있다.

죽순은 종류에 따라 굵기가 다르다.

죽순들깨볶음

[재료] 죽순 300g, 새우 50g, 양파 50g, 실파 5g, 물 3큰술
[양념] 들깨가루 1/2컵, 들기름 · 다진 파 · 다진 마늘 · 통깨 1큰술씩, 소금 약간

1 죽순은 쌀뜨물에 삶아서 떫은맛을 없앤 뒤 5cm 길이로 썬다. 2 양파는 채 썰고, 실파는 3cm 길이로 썬다. 3 달구어진 팬에 들기름을 두르고 죽순을 볶은 뒤 새우와 양파, 파를 넣어 볶는다. 4 물 1/2컵에 들깨가루를 풀어 넣고 조금 더 볶는다. 5 소금으로 간을 맞추고 통깨를 뿌린다.
맛있는 Tip 들깨가루는 생 들깨를 믹서에 갈아 체에 밭쳐 사용하면 더욱 맛있지만 가루로 된 것을 사용해도 된다.

죽순초무침

[재료] 죽순 300g, 청 · 홍고추 1개씩, 실파 5줄기, 오징어 1마리, 흑임자 **[초고추장 양념]** 고추장 3큰술, 고춧가루 · 식초 · 설탕 · 깨소금 · 다진 파 1큰술씩, 다진 마늘 · 통깨 · 생강즙 · 간장 1/2큰술씩

1 죽순은 쌀뜨물에 삶은 뒤 물기를 뺀다. **2** 고추는 채 썰고, 실파는 3cm 길이로 썬다. **3** 오징어는 껍질을 벗기고 안쪽에 칼집을 넣어 적당한 크기로 썬 뒤 끓는 물에 데쳐 낸다. **4** 뜨겁게 달군 프라이팬에 기름을 두르고 죽순을 넣어 소금으로 간해 살짝 볶아 식혀 둔다. **5** 무침 그릇에 양념 재료를 모두 넣고 골고루 섞어서 고추장 양념을 만든다. **6** ⑤에 ②, ③, ④를 넣고 버무린다.

맛있는 Tip 통조림 죽순을 이용할 때는 젓가락을 이용해 죽순 사이에 끼어 있는 석회를 제거한 다음 얇게 저며 썰어 사용한다.

죽순골뱅이무침

[재료] 죽순 300g, 골뱅이 1캔, 청 · 홍고추 1개씩, 통깨 1큰술, 된장 1작은술 **[초고추장 양념]** 고추장 2큰술, 식초 · 통깨 · 설탕 · 다진 파 1큰술씩, 다진 마늘 1/2큰술, 소금 약간

1 죽순은 쌀뜨물에 삶아 물기를 없앤 뒤 적당히 썬다. **2** 고추는 가늘게 채 썬다. **3** 통조림에서 골뱅이를 건져 체에 밭쳐 국물은 따로 받아 두고, 큰 것은 2~3등분한다. **4** 무침 그릇에 양념 재료와 골뱅이 국물 2큰술을 넣어 골고루 섞는다. **5** ④에 골뱅이를 넣고 골고루 버무려 간이 배도록 잠시 둔다. **6** 죽순은 된장과 참기름으로 밑간한다. **7** ⑤에 죽순과 고추를 넣고 양념이 고루 배도록 조물조물 무쳐 낸다.

죽순토마토오드볼

[재료] 죽순 200g, 토마토 5개, 당근 30g, 청피망 1개, 표고버섯 2장, 양상추 30g, 체리(올리브 또는 메추리알) 3개, 마요네즈 · 토마토소스 2큰술씩

1 죽순은 쌀뜨물에 삶아 식힌다. **2** 빨갛게 잘 익은 토마토를 웨지형으로 잘라 속을 파낸다. **3** 당근 · 피망 · 표고버섯은 모두 채 썰어서 색이 나게 볶아 소금을 조금 뿌린다. **4** 양상추를 ①의 토마토 크기대로 찢어 놓는다. **5** 체리는 동그란 링 모양으로 썬다. **6** ③의 양상추를 토마토 위에 깔고 ②의 채소를 올린 뒤 마요네즈를 뿌린다. **7** ⑤ 위에 체리를 놓아 장식한 뒤 토마토소스로 마무리한다.

죽순산적

[재료] 죽순200g, 쇠고기 우둔살 200g, 잣가루 1큰술, 참기름 2큰술 **[양념장]** 진간장 3큰술, 설탕 2큰술, 참기름 · 다진파 1큰술씩, 다진 마늘 1/2큰술, 후추 약간

1 죽순은 쌀뜨물에 삶아 식힌 뒤 5cm 길이로 썬다. **2** 부드럽게 두들긴 쇠고기와 ①의 죽순을 한데 담고 양념장을 넣고 밑간 한다. **3** 팬에 참기름을 두르고 밑간한 쇠고기와 죽순을 익힌다. **4** 대꼬치에 고기와 죽순을 번갈아 꿴다. **5** 그릇에 담고 위에 잣가루를 뿌린다.

죽순밥

[재료] 죽순 3개, 밥 1공기, 청 · 홍피망 각 1/2개씩, 식용유 적당량 **[밥 양념]** 참기름 1큰술, 고운소금 1작은술, 통깨 1큰술

1 죽순의 겉껍질을 벗기고 반으로 갈라 쌀뜨물에 데쳐 찬물에 2시간 가량 담갔다가 물기를 제거한다. **2** 피망을 잘게 다져 프라이팬에 기름을 약간 두르고 가볍게 볶는다. **3** ②에 밥을 넣고 양념을 하여 골고루 섞는다. **4** ①의 죽순에 ③의 밥을 채워 넣는다.

구지뽕나무잎

도시인들에게는 다소 생소한 구지뽕나무는 뽕나무과에 속하는 키가 작은 나무다. 흔히 산뽕나무로 알려져 있는데 산뽕나무와는 열매부터 다르다. 여러 개의 열매가 뭉쳐서 커다란 하나의 열매처럼 맺히고 9월에 붉게 익는데 달고 맛이 있어 가을에 날것으로 먹는다. 활의 재료로 쓰여 '활뽕나무' 라고 불리기도 한다.

예부터 잎 · 줄기 · 껍질 · 열매 · 뿌리 등 나무 전체를 약재로 써 왔다. 성질이 따뜻하고 맛이 달고 쓰며 독은 없다. 특히 부인과 질환에 효과가 좋으며, 근골을 튼튼하게 하고 혈액 순환을 좋게 하는 효과가 있는 것으로 알려져 있다.

4월 이전에 나온 꾸지뽕나무의 잎을 따다가 말린 뒤 볶아서 차처럼 끓여 자주 마시면 몸이 가벼워지고 눈이 밝아지며 피부가 고와진다고 한다. 또한 이 나무로 지팡이를 만들어 짚고 다니면 중풍에도 걸리지 않는다는 속설이 있어 옛날 노인들이 지팡이로 만들어 사용했다는 속설이 전해진다.

특히 4월 이후에 뽕잎이 어느 정도 자라면 연한 순을 뜯어다 쌈을 싸 먹거나 튀김으로 해 먹는다.

좀더 자란 잎은 장아찌를 담가 먹어도 맛있다.

오디보다 훨씬 큰 열매가 달리는 구지뽕나무. 빨갛게 익은 열매를 술로 담그면 맛있고 약효도 좋은 약술이 된다.

구지뽕된장찜

[재료] 구지뽕잎 300g, 육수 200g, 된장 50g, 소금 1작
은술, 설탕 1/2큰술 [육수 재료] 마른 다시마(사방 5cm),
물 5컵, 무 · 양파 50g, 마늘 2톨, 표고버섯 1개, 대파 1/2
뿌리

1 냄비에 물 5컵을 넣고 육수 재료를 모두 넣고 끓
이다가 물이 끓어오르면 다시마만 건져 내고 약
한 불에서 20분 정도 더 끓인 뒤 체에 밭쳐 육수를
만든다. 2 육수에 된장과 소금, 설탕을 넣고 끓인
뒤 구지뽕잎을 넣고 중불에서 국물이 자작자작
졸아 들게 졸인다.

구지뽕간장찜

[재료] 구지뽕잎 300g, 간장 1/2컵, 육수 1컵, 소금 1작
은술, 설탕 1/2큰술 [육수 재료] 마른 다시마(사방 5cm),
물 5컵, 무 · 양파 50g, 마늘 2톨, 표고버섯 1개, 대파 1/2
뿌리

1 냄비에 물 5컵을 넣고 육수 재료를 모두 넣고 끓
이다가 물이 끓어오르면 다시마만 건져 내고 약한
불에서 20분 정도 더 끓인 뒤 체에 밭쳐 육수를 만
든다. 2 육수에 간장과 소금, 설탕을 넣고 끓인 뒤
구지뽕잎을 넣고 중불에서 국물이 자작자작해질
때까지 졸인다.

칡

칡은 우리나라 전역에 분포한다. 갈(葛) 또는 갈등(葛藤)이라 하며, 당분과 섬유질, 무기질과 비타민이 골고루 들어 있는 건강 식품이다. 땅속에서 막 올라온 새순의 맛과 향은 녹용과 비슷하고, 지속적으로 쓰면 효능이 비싼 녹용 못지않다고 전해져 온다.

어린순을 뜯어 나물로 무쳐 먹으며 튀김으로 조리한다. 쌀과 섞어 칡밥을 지어 먹기도 한다. 뻣뻣한 잎은 깨끗이 씻어서 바싹 말린 다음 큰 용기에 넣어 푹 삶으면 음료수나 차(茶) 대용으로 할 수 있다. 잎과 꽃을 우려낸 차, 뿌리와 꽃을 넣어 담근 술도 빼놓을 수 없다. 특히 오래 묵은 칡뿌리에는 전분이 많아 흉년에는 구황식으로 이용했다. 8월 중에 활짝 피는 꽃을 바싹 말렸다가 달여 마시면 술독을 풀고 갈증을 멈추며, 소화 불량에도 이롭고 기침 가래를 삭이는 데 효과가 있다고 한다.

칡잎은 지혈 작용이 있어서 손을 베었을 때 비벼 붙이면 피가 멈추고, 뿌리를 달인 물은 약물 중독 해독 효과가 크다고 한다. 또 '갈근차' 라 불리는 칡차는 알코올을 분해하고 배출하는 효과가 좋아 주독과 숙취를 푸는 데 효과가 좋다. 《본초강목》에는 칡뿌리에 대해 '울화를 흩어 버리고 술독을 풀어 주며, 꽃은 장풍(腸風)을 다스린다.' 고 하였다.

칡뿌리 즙은 위장 보호와 감기 몸살에 쓰이는 전통적 치료제인데, 고혈압으로 인해 오는 두통과 해열, 협심증, 갈증에도 효험이 있다. 북한에서 발간된 한의서에는 칡뿌리 죽을 아침저녁으로 계속 먹으면 고혈압·동맥경화·협심증·노인성 당뇨병·해열·갈증에 효과가 있다고 밝히고 있다.

칡덩굴과 꽃. 여러 모로 활용 가치가 높은 식물이다.

칡잎초고추장무침

[재료] 칡잎 300g, 홍고추 1개, 실파 5g, 통깨 약간 [초고추장 양념] 고추장 2큰술, 식초 · 깨소금 · 설탕 · 다진 파 1큰술씩, 다진 마늘 1/2큰술, 소금 약간

1 칡잎을 연한 것으로 골라 다듬어 씻어 끓는 물에 소금을 넣어 데친 뒤 찬물에 헹구어 물기를 없애고 길게 두어 번 찢는다. 2 홍고추와 실파는 송송 썬다. 3 무침 그릇에 양념 재료를 모두 넣고 골고루 섞어 놓는다. 4 ③에 ①과 ②를 넣고 조물조물 무친 뒤 통깨를 뿌린다. 맛있는 Tip 초고추장을 만들 때는 배와 사과를 강판에 갈아 넣으면 설탕을 넣어 낸 단맛보다 깔끔하고 감칠맛이 난다.

칡잎된장나물

[재료] 칡잎 300g, 홍고추 1개, 실파 5g, 통깨 약간 [된장 양념] 된장 2큰술, 참기름 · 깨소금 · 다진 파 1큰술씩, 고추장 · 다진 마늘 · 잣가루 1/2큰술씩

1 칡잎을 연한 것으로 골라 다듬어 씻어 끓는 물에 소금을 넣어 데친 뒤 찬물에 헹구어 물기를 없애고 길게 두어 번 찢는다. 2 홍고추와 실파는 송송 썬다. 3 무침 그릇에 양념 재료를 모두 넣고 골고루 섞어 놓는다. 4 ③에 ①과 ②를 넣고 조물조물 무친 뒤 통깨를 뿌린다.

칡잎멸치주먹밥

[재료] 칡잎 100g, 잔멸치 100g, 물엿 · 참기름 1큰술씩, 밥 2공기 [칡잎 양념] 참기름 1큰술, 소금 약간 [멸치 양념장] 진간장 · 생강즙 · 물 1/2큰술씩, 설탕 2큰술 [밥 양념] 참기름 1큰술, 소금 약간

1 연한 칡잎을 골라 다듬어 끓는 물에 소금을 넣어 데친 뒤 찬물에 헹구어 물기를 닦아 밑간한다. 2 멸치는 티를 골라 내고 체에 흔들어 가루를 털어 낸다. 3 팬에 양념장 재료를 자글자글 끓이다가 멸치를 넣고 볶다가 윤기가 돌면 물엿과 참기름을 넣고 다시 뒤적여 통깨를 뿌린다. 4 따뜻한 밥을 양념하여 한 입 크기로 떼어 송편 빚듯이 펼쳐서 ③을 넣고 약간 길쭉하게 뭉친다. 6 ①로 ④를 감싸서 접시에 담아 낸다.

메꽃

여러해살이 덩굴풀로, 땅속에 희고 살진 긴 뿌리줄기를 가지고 있으며 줄기는 길게 자라면서 다른 풀이나 키 작은 나무를 감아 올라간다. 6~8월 사이에 나팔꽃처럼 생긴 분홍빛 꽃이 피었다가 밤에는 오므라든다. 전국 각지에 널리 분포하는데, 길가 풀밭, 논밭가에서 자주 발견할 수 있다. 큰메꽃 · 애기메꽃 · 갯메꽃 등이 있는데, 모두 식용 · 약용한다.

메꽃은 뿌리를 주로 식용하는데, 비타민과 무기질 · 당분 · 전분 등 기초 영양소가 풍부한, 훌륭한 영양식이다. 봄과 가을에 땅 속의 희고 살진 뿌리줄기를 캐어 쓴다. 뿌리는 젓가락보다 조금 가는 모양으로 힘차게 구불구불 뻗어나가 땅 속 깊은 곳까지 파고드는데, 날것으로 먹기도 하고, 살짝 쪄서 먹기도 한다. 단맛이 있어서 누구든지 좋아하는데, 먹을 것이 귀하던 시절에는 어린이와 노인의 영양식이자 자양 식품으로 요긴히 쓰였다.

뿌리뿐만 아니라 잎 역시 여름의 푸성귀로 먹을 만하다. 쓴맛이 나지 않아 살짝 데쳐서 양념에 무치면 시금치보다 맛이 있다. 하지만 많이 먹으면 현기증이나 설사가 나기도 한다는 보고가 있으므로 적당히 먹는다.

신체가 허약하다든지 피로가 겹칠 때 메꽃의 뿌리와 잎을 먹으면 도움이 된다. 당뇨병과 고혈압을 다스리는 데 효과가 있는 것으로 알려져 있다. 한여름 찜통더위로 신진대사가 원활하지 못할 때 메꽃 잎과 뿌리를 적절히 식용하면 자연스럽게 효과를 볼 수 있다.

봄에 줄기를 뻗어나가는 메꽃순

메꽃나물

[재료] 메꽃 300g [된장 양념] 된장 2큰술, 참기름 · 깨소금 1큰술씩, 통깨 · 다진 파 · 다진 마늘 · 잣가루 · 국간장 1작은술씩

1 메꽃 덩굴의 어린잎을 다듬어 씻어 끓는 물에 소금을 넣어 데친 뒤 찬물에 헹군 뒤 물기를 꼭 짠다. 2 무침 그릇에 양념 재료를 넣고 골고루 섞어 놓는다. 3 ②에 ①의 메꽃을 넣고 조물조물 무친다.

맛있는 Tip 메꽃 뿌리를 캐서 쌀과 함께 죽을 끓이거나 떡을 만들어 먹기도 하고, 어린순을 나물로 먹기도 하는데 쓴맛이 전혀 없다. 메꽃은 뿌리를 포함한 모든 부분이 혈관을 튼튼하게 하고 혈압을 내리는 효과가 있어 약재로 사용되고 있다.

닭의장풀

‘달개비’로 더 잘 알려져 있는 한해살이풀이다. 밭가나 길가 풀밭에서 흔히 자라는데, 잎몸은 연하고 부드러우며 물기가 많다. 줄기는 땅에 엎드려 가지를 먼저 치고 점차적으로 웃자란다. 6월에서 9월 사이에 계속 꽃이 피고 지고 한다.

닭의장풀은 꽃이 피어도 잎이 억세지지 않아 봄부터 가을까지 계속 식용할 수 있다는 장점이 있다. 워낙 번식력이 왕성하여 어디서든 채취할 수 있다는 장점도 있다. 맛과 향취에 거부감이 없으므로 누구나 생식할 만하다. 싱싱한 생잎을 고추장이나 된장에 찍어 먹으면 푸성귀다운 담백한 맛을 느낄 수 있다. 녹즙을 내어 마시기도 한다.

잎과 줄기를 가볍게 데치든지 소금에 살짝 절여서 갖은 양념으로 무쳐 먹으면 산나물 반찬으로 적격이다. 닭고기나 조개와 함께 끓여도 맛이 좋고, 볶거나 튀김으로 해 먹어도 좋다.

예부터 당뇨병의 민간약으로 알려져 왔으며, 혈당을 낮추는 성분이 있다는 동물 실험 결과도 발표된 적이 있다. 잎, 줄기, 뿌리 구별 없이 날것이나 건조된 것을 보리차 끓이듯 푹 달여서 갈증이 있을 때마다 물 대신 계속 마시도록 한다.

한방에서는 닭의장풀이 해열·해독 작용이 있으며, 소변 불리·간염·신장염·부종·자궁 출혈에 쓰인다고 했다.

전국 어디서나 잘 자라는 흔한 풀이지만 나물로 활용해도 가치가 있다.

닭의장풀샐러드

[재료] 닭의장풀 100g, 당근 30g, 비트 20g, 홍피망 30g
[프렌치드레싱] 올리브오일 3큰술, 식초 · 다진 피망 (청 · 홍) 1큰술씩, 설탕 · 레몬즙 1작은술씩,소금 · 후추 약간씩

1 닭의장풀을 손질하여 깨끗이 씻은 다음 물기를 제거한다. **2** 당근 · 비트 · 피망은 채 썬다. **3** 드레싱 재료를 섞어 프렌치드레싱을 만든다. **4** ①과 ②를 접시에 담고③의 프렌치드레싱을 곁들인다.

닭의장풀겉절이

[재료] 닭의장풀 300g, 실파 10g, 홍피망 1개 **[양념]** 고춧가루 2큰술, 다진 파 · 참기름 · 까나리액젓 · 깨소금 1큰술씩, 다진 마늘 · 통깨 1작은술씩, 소금 약간

1 닭의장풀은 다듬어 깨끗이 씻어 소쿠리에 건져 물기를 제거한다. **2** 실파는 송송 썰고, 피망은 사각 썰기한다. **3** 무침 그릇에 양념 재료를 모두 담고 골고루 섞어 양념을 만들어 둔다. **4** ③에 ①과 ②를 넣고 버무린다.

맛있는 Tip 나물은 시간이 지나면 간이 배어 싱거워지므로 처음에는 양념을 조금 강하게 한다.

거북꼬리

우리나라 중부 이남의 산지에서 자란다. 주로 계곡의 숲 가장자리나 약간 그늘진 곳에서 만날 수 있다. 줄기는 뭉쳐나고 높이는 1m에 달하며 뭉뚝하게 네모지고, 곧게 서고 가지가 갈라지며 잎자루와 더불어 붉은색이 돈다. 최근에는 이 식물의 붉은 색소를 천연염료로 개발하려는 연구가 진행되고 있다.

'저마'라는 표현에서도 알 수 있듯이 줄기를 섬유용으로 사용했으며, 어린잎은 식용한다. 연한 순을 데쳐서 햇나물로 먹기도 하고, 데쳐서 말려 두었다가 묵나물로도 활용한다.

좀깨잎나무 · 풀거북꼬리 · 개모시풀 등과 비슷해 초보자가 보기에는 구분이 쉽지 않다. 하지만 잎의 끝부분을 자세히 보면 다른 종류와는 달리 잎의 끝이 크게 세 갈래로 갈라지는 특징이 있다.

쐐기풀과에 속하는 이 야생초의 뿌리를 장백저마(長白苧麻), 동북저마라고 부르며, 청혈 · 지혈 · 해독 · 산어(散瘀)의 효능이 있는 것으로 전해진다. 가을에 줄기가 마르기 시작하면 뿌리를 채취하여 깨끗이 씻어 알려서 사용한다.

접촉성 전염성 질환인 단독을 치료할 때 뿌리 15g에 물 700ml를 넣고 달인 액을 반으로 나누어 아침저녁으로 복용하거나 술에 담가 복용한다는 기록이 있다.

거북꼬리된장무침

[재료] 거북꼬리 300g [된장 양념] 된장 · 참기름 · 깨소금 1큰술씩, 고추장 · 통깨 · 다진 파 · 다진 마늘 1/2큰술씩

1 거북꼬리는 연한 것으로 골라 손질하여 깨끗이 씻는다. **2** 끓는 물에 소금을 넣고 살짝 데쳐 1~2시간 찬물에 우려내어 물기를 꼭 짠다. **3** 분량의 재료로 양념을 만든다. **4** 데친 거북꼬리를 양념에 조물조물 무친 뒤 통깨를 뿌린다.

거북꼬리들기름볶음

[재료] 거북꼬리 300g, 홍고추 1개 [양념] 들기름 2큰술, 국간장 · 다진 파 · 깨소금 1큰술, 다진 마늘 · 통깨 1/2큰술

1 거북꼬리는 연한 줄기와 이파리를 다듬어 깨끗이 씻는다. **2** 끓는 물에 소금을 넣고 살짝 데쳐 1~2시간 찬물에 우려내어 물기를 꼭 짠다. **4** 분량의 재료 중 들기름 1큰술을 남기고 양념을 만든다. **5** 데친 거북꼬리를 양념에 조물조물 무친다. **6** 달군 팬에 들기름을 두르고 거북꼬리를 넣고 살짝 볶는다.

별꽃

냉이를 캘 때 보면 비슷한 환경에서 별꽃이 옆으로 퍼져 자라는 것을 볼 수 있다. 별꽃은 우리나라 전국 각지에 분포하며 인가와 가까운 풀밭이나 길가에 흔하게 난다. 한 자리에서 여러 대의 줄기가 서는데 밑동은 옆으로 누워 있으면서 비스듬하게 자라 올라가 30cm 정도의 높이에 이른다.

봄에 어린잎을 모아다가 나물로 무쳐 먹는데 맛좋고 담백한 나물이라는 것을 모르는 사람들이 많다. 잎이 작아 된장국거리로 이용하거나 겉절이로 가볍게 무쳐 먹기도 한다. 맛이 담백하고 쓰거나 매운 기운이 없으므로 우려낼 필요가 없다. 여름에도 성숙한 잎을 생식하거나 녹즙 재료로 쓸 수 있다.

잎과 줄기를 늦봄부터 이른 여름 사이에 꽃이 필 때 채취하여 말려서 약재로 쓴다. 일본이나 유럽의 민간에서는 기관지염 · 감기 · 간염 · 어린이 경련 · 치통 · 류머티즘 · 변비 · 타박상 등 여러 가지 질병 치료에 널리 사용해 왔다고 한다.

작고 앙증맞은 흰꽃이 별과 같아서 별꽃이라는 이름이 붙었다. 영양 성분이 풍부한 먹거리다.

별꽃겉절이

[재료] 별꽃 200g, 홍고추 · 풋고추 1개씩 **[양념장]** 고춧가루 · 진간장 2큰술씩, 물 1큰술, 까나리액젓 · 다진 마늘 1/2큰술씩, 다진 파 · 통깨 · 참기름 1큰술씩, 소금 약간

1 별꽃을 손질하여 흐르는 물에 깨끗이 씻은 뒤 소쿠리에 건져 물기를 뺀다. **2** 홍고추 · 풋고추는 씨를 제거한 뒤 채 썬다. **3** 고춧가루에 진간장과 액젓, 물을 넣어 촉촉하게 한 뒤 나머지 재료를 섞어 양념장을 만든다. **4** 무침 그릇에 ①,②,③을 넣고 가볍게 버무린다. **맛있는 Tip** 봄나물을 생으로 무칠 때 너무 힘을 주거나 여러 번 주무르면 풋내가 나므로 가볍게 무친다.

별꽃된장나물

[재료] 별꽃 300g, 통깨 1큰술 **[된장 양념]** 된장 · 참기름 · 깨소금 · 다진 파 1큰술씩, 고추장 · 다진 마늘1/2큰술씩

1 별꽃의 연한 줄기와 잎을 손질하여 끓는 물에 소금을 넣어 살짝 데친 뒤 찬물에 헹궈 소쿠리에 건져 물기를 꼭 짠다. **2** 잣은 키친타월을 깔고 칼끝으로 곱게 다진다. **3** 무침 그릇에 양념 재료를 모두 넣어 골고루 섞어 된장 양념을 만든다. **4** ③에 ①과 ②를 넣고 조물조물 무쳐서 통깨를 넣고 마무리한다.

별꽃고추장무침

[재료] 별꽃 300g, 통깨 1큰술 **[고추장 양념]** 고추장 3큰술, 고춧가루 · 식초 · 설탕 · 깨소금 · 다진 파 1큰술씩, 다진 마늘 · 참기름 · 간장 1/2큰술씩

1 별꽃의 연한 줄기와 잎을 손질하여 끓는 물에 소금을 넣어 살짝 데친 뒤 찬물에 헹궈 소쿠리에 건져 물기를 꼭 짠다. **2** 잣은 키친타월을 깔고 칼끝으로 곱게 다진다. **3** 무침 그릇에 양념 재료를 모두 넣어 골고루 섞어 고추장 양념을 만든다. **4** ③에 ①과 ②를 넣고 조물조물 무쳐서 통깨를 넣고 마무리한다.

엉경퀴

해가 잘 들면서도 서늘하고 습한 풀밭에서 볼 수 있는 여러해살이풀이다. 여름 숲을 헤치고 가다 보면 가시나무도 없는데 팔다리에 상처를 내는 주범이기도 하다.

봄에 새순이 돋아 잎이 두세 장 되었을 때 뜯어 나물을 해 먹는데, 어린잎 끝에도 가시가 있어 간혹 손끝을 찔리기도 한다. 하지만 날카로운 생김새에 비해 맛이 담백하고 풍미가 있어 봄나물로 좋다. 국으로 끓여 먹어도 맛있다.

여린 뿌리 또한 겉껍질을 긁어 낸 다음 튀김을 만들어 먹는다. 일부 지역에서는 줄기의 껍질을 벗겨 된장이나 고추장 속에 박아 두었다가 먹기도 한다.

민간에서는 뿌리를 가을에 캐고 잎과 줄기는 꽃이 필 시기에 채취하여 햇볕에 말려 약으로 썼다. 엉경퀴와 비슷한 종류는 모두 약효가 비슷하다고 여겨진다. 약리 실험에서 해열·지혈·혈액 응고 작용·혈압 강하 작용이 있음이 밝혀졌다.

엉경퀴는 전초를 말려서 약용하는데, 혈압 강하 작용이 있다는 보고와 각종 암에 대한 항암 효과가 있는 것으로 알려져 있다.

가시가 있어 망설여지지만 어린순은 나물의 깊은 맛이 나는 엉경퀴. 보라색 꽃이 한여름의 정서를 불러일으킨다.

엉겅퀴옥수수무침

[재료] 엉겅퀴 200g, 옥수수통조림 1큰술, 홍고추 1개, 굵은 소금 1큰술 **[양념]** 된장 · 다진 파 · 참기름 · 통깨 1큰술씩, 다진 마늘 1/2큰술, 소금 약간

1 연한 엉겅퀴를 손질한 뒤 끓는 물에 소금을 넣고 살짝 데쳐서 바로 건져 찬물에 헹궈 물기를 꼭 짠다. **2** 캔에 든 옥수수는 체에 밭쳐 뜨거운 물을 부어 물기를 제거한다. **3** 홍고추는 씨를 빼고 다진다. **4** 무침 그릇에 양념 재료를 모두 넣고 골고루 섞어 양념장을 만든다. **5** ④에 엉겅퀴와 옥수수, 홍고추를 넣고 조물조물 무친다.

엉겅퀴초고추장무침

[재료] 엉겅퀴 300g **[초고추장 양념]** 고추장 3큰술, 고춧가루 · 식초 · 설탕 · 깨소금 · 다진 파 1큰술씩, 다진 마늘 · 통깨 · 참기름 · 간장 1/2큰술씩

1 연한 엉겅퀴를 손질한 뒤 끓는 물에 소금을 넣고 살짝 데쳐서 바로 건져 찬물에 헹궈 물기를 꼭 짠다. **2** 무침 그릇에 양념 재료를 모두 넣고 골고루 섞어 양념장을 만든다. **3** ②에 엉겅퀴를 넣고 조물조물 가볍게 무친다.

오이풀

잎을 짓이겨서 코에 대어 보면 오이 냄새를 풍기는 산야초가 있는데, 이것이 바로 오이풀이다. 굵고 딱딱한 뿌리를 가진 여러해살이풀로, 뿌리는 출혈·염증·살균·대장염·설사·위산 과다증 등 각종 질환에 한약재로 쓰이고 있다.

오이풀에는 탄수화물·단백질·지방·무기질이 풍부하게 함유되어 있으며, 필수 아미노산도 골고루 들어 있고 비타민도 풍부하다.

봄나들이를 나서면 산과 들판의 양지바른 풀밭에서 오이풀을 쉽게 발견할 수 있으며, 새로 자라난 잎을 나물로 데쳐서 무쳐 먹으면 오이 냄새의 향긋한 맛을 느낄 수 있다. 쓰고 떫은 맛은 없지만 대체로 뻣뻣하게 씹히는 느낌이 있다. 여름에는 크게 자라난 잎을 즙을 내어 먹으면 좋으며, 잎을 따서 말려 차로 우려내어 마시기도 한다.

적갈색의 둥그스름한 꽃 이삭도 차의 재료가 된다. 잎과 꽃망울을 섞어 물의 양의 10분의 1 정도를 넣어 뭉근히 오래 삶아서 냉장고에 넣어두고 음료수로 마신다.

오이 냄새가 강해 오이풀. 시원한 수박 냄새가 나는 수박풀과는 구별한다.

오이풀나물

[재료] 오이풀 300g, 홍고추 1개 [양념] 국간장 · 깨소금 · 다진 파 · 참기름 · 깨소금 1큰술씩, 다진 마늘 · 통깨 · 고춧가루 1/2큰술, 소금 약간

1 오이풀은 연한 것으로 골라 손질하여 끓는 물에 소금을 넣고 살짝 데친 뒤 바로 건져 찬물에 헹궈 물기를 꼭 짠다. **2** 홍고추는 잘게 다진다. **3** 무침 그릇에 양념 재료를 넣고 골고루 섞어 양념을 만든다. **4** ③에 ①과 ②를 넣고 조물조물 가볍게 무친다. **5** 뜨겁게 달군 팬에 양념한 나물을 살짝 볶는다.

오이풀조갯살무침

[재료] 오이풀 300g, 조갯살 100g, 잣가루 1큰술, 검은깨 약간 [초고추장 양념] 고추장 2큰술, 식초 · 통깨 · 설탕 · 다진 파 1큰술씩, 다진 마늘 1/2큰술, 소금 약간

1 오이풀을 연한 것을 골라 손질하여 끓는 물에 소금을 넣고 살짝 데친 뒤 바로 건져 찬물에 헹궈 물기를 꼭 짠다. **2** 조갯살은 소금물에 살짝 데쳐 체에 밭쳐 물기를 제거한 뒤 참기름을 두른 팬에 잠깐 볶는다. **3** 잣은 키친타월을 깔고 곱게 다져 둔다. **4** 무침 그릇에 양념 재료를 넣고 골고루 섞어 초고추장 양념을 만든다. **5** ④에 오이풀과 조갯살을 넣어 조물조물 무쳐서 잣가루를 넣고 검은깨를 뿌려 낸다.

모시물통이

모시물통이는 우리나라 전국 각지의 그늘진 습지에서 흔하게 볼 수 있는 야생초다. 쐐기풀과에 속하며, 모시풀 비슷하지만 물통이처럼 물기가 많기 때문에 '모시물통이' 라고 부른다고 한다. 꽃이 8~9월에 피며, 다 자라면 키가 50cm 가량 된다.

어린 줄기와 잎을 나물로 먹는다.

독성 식물을 분별하는 방법

1. 잎을 뜯어서 조금만 씹어 보아 쓴맛이 지나치게 강한 것은 피한다. 쓴맛은 데쳐 우려내어 식용하면 거부감이 사라지고 적당한 쓴맛은 소화력을 향상시켜 준다. 하지만 잘 모르는 식물인데 맛이 쓰다면 식용을 피한다.

2. 잎을 짓찧어 코에 대보면 냄새가 고약한 것, 지나치게 역겨운 것은 피한다. 식물의 특수한 냄새와 맛은 병원균이나 해충, 산짐승의 침해로부터 자신을 지키기 위한 방어물질이다. 하지만 지나치게 강한 것은 먹지 않는 것이 낫다.

3. 자신이 모르거나 헷갈리는 식물은 피한다. 모르는 식물은 아예 건드리지 않는 것이 안전하다.

4. 식물도감을 참고해 보아도 해득하기 곤란한 종류는 피한다. 널리 알려진 흔한 식물 냉이·비름·왕고들빼기·질경이 등을 식용한다. 이것은 옛 선조들의 여러 시행착오를 거쳐 식용의 가치를 인증해 준 것이다.

우리나라 계곡 어디서나 쉽게 만날 수 있는 모시물통이

모시물통이전

[재료] 모시물통이 150g, 풋고추 3개, 부침가루 1컵, 달걀 2개, 소금 약간, 물 1컵, 식용유 적당량 **[초간장]** 식초 ·
잣가루 · 진간장 · 물 1큰술씩

1 모시물통이는 잎과 연한 줄기를 깨끗이 손질하여 씻은 다음 체에 밭쳐 물기를 거둔 뒤 잘게 썰어 놓는다. 2 풋
고추는 송송 썬 다음 물에 담가 씨를 뺀다. 3 달걀을 볼에 깨뜨려 넣고 젓가락을 한쪽 방향으로 저어 멍울을 푼 뒤
부침가루와 물을 넣어 반죽한다. 4 반죽에 모시물통이와 풋고추를 넣고 소금으로 간을 한다. 5 팬을 달구어 식용
유를 두르고 반죽을 부어서 얇게 지져낸다. 6 초간장을 곁들여 낸다.
맛있는 **Tip** 전을 부칠 때는 팬을 충분히 달군 뒤 기름을 충분히 두르고 기름을 따라내고 반죽을 떠 놓는다. 전이
타지 않을 정도로만 기름을 한 숟가락씩 두른다. 처음부터 기름을 많이 넣으면 튀긴 것처럼 뻣뻣해진다. 특히 전
은 불을 세게 하면 속이 익기도 전에 겉이 타 버리므로 중불에서 서서히 노릇하게 지져내야 깔끔하다.

※ 전은 중불에서 서서히 지져내야 깔끔하다. 자주 뒤집지 말고 한쪽 면이 노릇노릇하게 충분히 익은 뒤에 한 번
만 뒤집어서 지져 내면 좋다. 자꾸 뒤집으면 전이 다시 열을 받는 시간이 걸려 빨리 익지 않으며, 달걀을 입힌 것
은 달걀이 벗겨져 모양이 깔끔하지 않다.

송이버섯

버섯 중에서도 으뜸은 소나무의 푸른 기운으로 자라는 송이로, 예부터 '일 송이, 이 능이, 삼 표고, 사 석이'라 했다. 《동의보감》에도 송이를 '향기롭고 산중 고송의 송기(松氣)를 빌려서 난 것이라 나무에서 나는 버섯 가운데 으뜸'이라고 했다. 미식가들 사이에는 '9월 송이를 먹기 위해 일 년을 기다린다.'는 말이 있을 정도다. 수령이 40~60년쯤 된 송림에서 가장 많이 난다. 추석을 전후하여 20일 정도가 생산 시기인데, 자연산이므로 이때 말고는 맛볼 수 없다.

좋은 송이는 줄기가 굵고 갓이 퍼지지 않았으며 향이 진하고 갓의 육질이 두껍고 퍼지지 않은 것이다. 송이를 손질할 때는 흙이 묻어 있는 기둥 끝부분을 칼로 도려낸 뒤 물에 씻지 말고 젖은 행주를 꼭 짜서 갓 부분부터 아기 세수시키듯 조심스럽게 닦는다. 썰어서 물에 씻거나 공기 중에 방치하면 향이 날아가 버리므로 바로 조리해야 한다. 얇게 썰어 참기름장에 찍어 먹는 송이회도 좋고, 산적·탕·송이밥 등으로 요리해 먹는다.

송이를 보관할 때는 솔잎을 함께 넣어야 향의 증발을 막을 수 있다. 냉장고에 1~2주 정도 보관하려면 헝겊이나 창호지 등으로 낱개 포장을 해 두어야 한다.

버섯의 감칠맛 성분인 구아닐산(guanylic acid) 풍부하며, 항(抗)종양 단백질인 'MAP' 성분이 입증되면서 항암제 대안으로도 떠오르고 있다. 또한 송이는 혈중 콜레스테롤을 감소시키는 효과가 있어 생활습관병의 치료와 예방에도 도움을 준다. 말린 송이는 비타민D 덩어리라 할 정도로 영양이 뛰어나다.

송이는 추석 전후에 맛볼 수 있는 가을의 선물이다.

송이버섯산적

[재료] 송이버섯 5장, 쇠고기 200g, 잣가루 2큰술 [송이버섯 양념] 참기름 1/2큰술, 소금 1작은술 [쇠고기 양념] 진간장 2 큰술, 설탕 1작은술, 다진 파 1큰술, 다진 마늘 1/2큰술, 참 기름·깨소금 1작은술씩, 후추·소금 약간씩

1 쇠고기는 송이버섯 길이와 같게 썰어 쇠고기 양념으로 재 워 놓는다. 2 송이는 모양 그대로 살려서 소금과 참기름으로 무친다. 3 쇠고기와 송이를 넓이가 4~5cm 되도록 대꼬치에 번갈아 꿰어 석쇠에 굽는다. 오래 구우면 맛이 없어지므로 겉만 익을 정도로 살짝 굽는다. 4 잣가루 고명을 뿌린다.

나물 보존법

건조법

말려서 잘 갈무리해 둔다. 고사리·고비·취나물·명아주·쇠비름·쑥 등 어느 종류든지 말려서 보존할 수 있다.

1. 깨끗이 손질해서 씻은 뒤 가볍게 데친다.
2. 찬물에 헹굴 필요 없이 되도록 빠른 시간 안에 건조시킨다. 햇볕이 많이 들고 잘 닿고 공기가 잘 통하는 장소나 밝은 그늘에 널어 수시로 들춰 주어 빨리 자연스럽게 말리는 것이 중요하다. 비가 오든가 바람이 잘 통하지 않는다든가 하여 천천히 마르면 곰팡이가 생기거나 상할 수가 있다.
3. 완전히 말린 것을 비닐봉지에 건조제와 함께 넣어 습기가 들어가지 않도록 단단히 밀폐한다. 이렇게 건조·보존한 것을 묵나물이라 한다.

나물의 종류에 따라 말리는 법

고사리 말리기 : 연한 고사리를 푹 삶아서 물에 담가 쓴맛과 떫은맛을 어는 정도 우려낸 뒤 채반에 널어 햇볕에 말린다. 조리할 때는 삶기 전에 따뜻한 물에 하루 정도 담가 둔다. 불은 고사리를 다시 삶아 찬물에 우려내고 조리한다.

도라지 : 숟가락으로 껍질을 살살 긁어 벗긴 뒤 햇볕에 말린 뒤 보관하다가 조리할 때는 물에 불린 다음 기름에 볶아 먹는다.

고구마줄기 : 고구마줄기의 겉껍질을 벗겨 낸 다음 끓는 물에 소금을 약간 넣고 데쳐서 물기를 짜고 채반에 넣어 햇볕에 말린다.

애호박 : 애호박은 5mm 두께로 썰어서 실로 꿰어 겹치지 않게 하거나 소쿠리에 겹치지 않게 담아 햇볕에 말린다. 조리할 때는 삶지 않고 충분히 불린 다음 나물로 볶아 먹는다.

가지 : 가지의 꼭지를 잘라 낸 뒤 긴 것은 반으로 자르고 세로로 길게 4~6등분하여 빨래줄

에 나란히 걸쳐 햇볕에 말린다. 조리할 때는 물에 담가 불린 뒤 살짝 데쳐서 조리한다.

무말랭이 : 무는 깨끗이 씻은 뒤 껍질을 벗기지 않고 약간 굵게 막대 썰기하여 햇볕에 널어 말린다.

소금 절임

풀냄새가 짙은 것, 줄기를 먹는 종류, 두꺼운 잎 등에 소금을 듬뿍 뿌려서 갈무리하는 저장법이다.

1. 산나물을 씻어 적당히 잘라 소금을 가볍게 뿌려 돌로 눌러 놓고 하룻밤 재워 물기를 꼭 짜서 버리고 다시 소금은 넣고 비닐봉지 속을 진공 상태로 한다.
2. 껍질을 벗겨야 할 것은 껍질을 벗겨 내고, 두세 번 먹을 정도의 소량으로 나누어 소금 절임한다.
3. 이것을 항아리에 차곡차곡 쟁여 넣고 무거운 돌로 눌러서 어둡고 시원한 장소에 보관한다.
4. 조리할 때는 찬물에 헹구어 거무스레한 물기를 뺀 뒤 이용하면 싱싱한 산나물로 조리할 수 있다.

※ 현재 지구상의 독성 식물은 전체 식물의 1% 정도일 것으로 추정하고 있다. 열대 지방으로 내려갈수록 독성 식물의 종류가 더 많이 분포하는 것으로 파악되고 있다. 우리나라에는 4천여 종의 식물이 자생하고 있으므로 40종의 독성 식물이 있을 것으로 추정된다. 독성 식물은 생각처럼 흔한 것이 아니며, 모든 산야초는 거의 먹을 수 있는 것으로 여겨지며, 식용하지 않는 것은 입맛에 맞지 않기 때문이다. 그러나 예부터 민간에 잘 알려져 온 애기똥풀 · 물봉선 · 천남성 · 투구꽃 · 독미나리 · 복수초 · 등대풀 등은 독초라고 알려져 있으니 독성 식물에 대한 상식과 경계심이 꼭 필요하다.